Lecture Notes in Mathematics

A collection of informal reports and seminars
Edited by A. Dold, Heidelberg and B. Eckmann, Zürich

79

A. Grothendieck
Institut des Hautes Études Scientifiques, Bures-sur-Yvette

Catégories Cofibrées Additives et Complexe Cotangent Relatif

1968

Springer-Verlag Berlin · Heidelberg · New York

Library of Congress Catalog Card Number 68-59 061 Printed in Germany. Title No. 3685

A D I N H et T I N H

en témoignage d'amitié et d'affection

CATEGORIES COFIBREES ADDITIVES ET COMPLEXE COTANGENT RELATIF

par A. Grothendieck

Sommaire

Introduction.

Le problème-clef qui est à l'origine du présent travail est le suivant : soit donné, sur un espace topologique X (ou plus généralement, sur un topos) un homomorphisme de faisceaux d'anneaux $A \longrightarrow B$, commutatifs pour fixer les idées. On se propose de classifier les extensions (commutatives) de A-Algèbres

$$0 \longrightarrow J \longrightarrow E \longrightarrow B \longrightarrow 0 ,$$

avec J un Idéal de carré nul. Ce problème contient comme cas particulier le suivant, d'apparence plus géométrique : soit donné un morphisme

$$f : X \longrightarrow Y$$

de schémas, on se propose de classifier les Y-schémas X', munis d'une "immersion d'ordre 1" $i : X \longrightarrow X'$, i.e. d'une immersion surjective telle que l'Idéal J définissant X dans X' soit de carré nul. (Ce deuxième problème se ramène au premier en faisant $A = f^{-1}(\underline{O}_Y)$, $B = \underline{O}_X$.)

Il est bien connu que pour un B-Module fixé (resp. pour un Module quasi-cohérent J fixé sur le schéma X), l'ensemble des extensions cherché est de façon naturelle muni d'une structure de groupe. Le problème de donner une description cohomologique de ce groupe se résoud alors par l'introduction d'un complexe de chaînes de Modules $L_{.}^{B/A}$ (resp. $L_{.}^{X/Y}$) appelé le <u>complexe cotangent relatif de</u> B <u>sur</u> A (resp. de X sur Y), le groupe cherché s'identifiant (fonctoriellement en J) à l'hyperext $\mathrm{Ext}^1(L.,J)$. D'autre part, $\mathrm{Ext}^0(L.,J) = \mathrm{Hom}(H_0(L.),J)$ s'identifie au groupe des automorphismes d'extension de toute extension E de A-Algèbres de B par J.

Le Module $H_0(L.)$ n'est autre que le classique Module des différentielles relatives $\Omega^1_{B/A}$ (resp. $\Omega^1_{X/Y}$). Dans la théorie présentée ici, L. est un complexe de longueur 1, et n'a qu'un autre objet de cohomologie non nul, savoir $\underline{H}_1(L.)$, noté $N_{B/A}$ où $N_{X/Y}$ et appelé <u>Module conormal de</u> B <u>sur</u> A resp. de X sur Y. Une théorie plus satisfaisante du point de vue de l'algèbre homologique, due à Quillen [14](*) définira un complexe $T.^{B/A}$ resp. $T.^{X/Y}$ de longueur infinie, dont le notre se déduit par troncature en "tuant les objets de cohomologie $\underline{H}_i$, pour $i \geq 2$ ". Comme pour notre propos seuls les foncteurs Ext^i pour $i = 0,1$ importent, le complexe tronqué étudié dans le présent travail suffira pour les applications envisagées.

Le complexe L. sera défini comme un objet déterminé à isomorphisme unique près de la catégorie dérivée [16] D(B) de la catégorie des B-Modules. Nous aurons donc à utiliser de façon essentielle le langage des catégories dérivées de Verdier. La définition de L. se fera en termes de la catégorie $\underline{E}$ des extensions de A-Algèbres E de B par des B-Modules variables J; associant à toute telle extension E son "noyau" J, on trouve un foncteur $\underline{E} \longrightarrow \mathrm{Mod}(B)$ qui fait de $\underline{E}$ une catégorie "cofibrée" (SGA 1 VI) au dessus de Mod(B). Nous verrons au n° 6 comment on peut reconstituer, à équivalence de Mod(B)-catégories près, la catégorie cofibrée précédente en termes du complexe L. auquel il donne naissance. Cette théorie n'utilise que certaines propriétés simples de la catégorie cofibrée $\underline{E}$, et une première partie de notre travail (n° 1 à 6) donne une théorie de structure générale de telles catégories cofibrées "additives". On trouve une correspondance parfaite, pour une catégorie

(*) Et indépendamment à M. André [19].

abélienne $\underline{C}$, entre les complexes de chaînes de longueur 1 de $\underline{C}$ (considérés comme objets de la catégorie dérivée $D(\underline{C})$) et certaines catégories cofibrées sur $\underline{C}$ (modulo $\underline{C}$-équivalence). Il est très probable que cette théorie pourra s'étendre de façon à donner une correspondance entre complexes de chaînes de longueur n, et certaines "n-catégories" cofibrées sur $\underline{C}$; et il n'est pas exclus que par cette voie on arrivera également à une "interprétation géométrique" du complexe cotangent relatif de Quillen.

Les n° 7 à 11 sont consacrés à développer les propriétés formelles les plus importantes des complexes $L^{X/Y}_{\cdot}$. Enfin le n° 12 suggère quelques applications possibles, et surtout, indique quelques problèmes d'extension de la théorie présentée ici à des situations voisines, faisant intervenir des faisceaux d'anneaux topologiques.

J'avais été amené tout d'abord en 1961 à introduire le complexe cotangent relatif pour un morphisme de schémas, pour pouvoir énoncer avec la généralité qui convient [SGA 6 O] le théorème de Riemann-Roch en théorie des schémas. Faute d'un principe adéquat de globalisation, je m'étais borné alors aux morphismes qui peuvent se factoriser en une immersion suivie d'un morphisme "formellement lisse". Le principe adopté dans le présent travail, consistant à définir le complexe cotangent relatif en termes de la catégorie cofibrée des extensions infinitésimales d'algèbres, remonte à 1963. Par ailleurs, dans le cas affine i.e. dans le cas d'une algèbre B sur un anneau A, ce complexe a été introduit indépendamment et à peu près simultanément, semble-t-il, par différents auteurs : Gerstenhaber [9], Lichtenbaum [13], Schlessinger [13]. Ces deux derniers auteurs définissent d'ailleurs comme complexes cotangents relatifs des complexes de chaînes de longueur 2, qui constituent une approximation meilleure que le complexe envisagé ici du "bon" complexe cotangent relatif dû à Quillen. Nous renvoyons à [13], [14] pour les applications de ce dernier à la caractérisation cohomologique des "morphismes d'intersection complète" et des anneaux locaux "d'intersection complète". Notre point de vue ici diffère de celui adopté dans les travaux cités, en ce que nous mettons l'accent principal sur l'étude du complexe cotangent relatif, et de ses relations avec les questions d'extensions infinitésimales, <u>dans le cas global</u>, au lieu du cas affine (*). Cela explique également la longueur prohibitive du présent travail, pour laquelle nous nous excusons auprès du Lecteur, dont nous supposerons (sauf mention expresse du contraire), dans tout notre travail, la patience égale à $+\infty$.

1. <u>Catégories cofibrées additives</u>.

1.1. Dans ce qui suit, $\underline{C}$ désigne une catégorie additive, $\underline{E}$ une catégorie cofibrée sur $\underline{C}$ (SGA 1 VI 10). La fibre de $\underline{E}$ en l'objet A de C est notée $\underline{E}(A)$, et pour une flèche $u: A \to B$ de $\underline{C}$, le foncteur cochangement de base correspondant (défini à isomorphisme unique près) est noté u_* :

$$u_* : \underline{E}(A) \longrightarrow \underline{E}(B) .$$

Soient A et B deux objets de $\underline{C}$, alors les deux projections canoniques de AxB définissent deux foncteurs $\underline{E}(A\times B) \longrightarrow \underline{E}(A)$ et $\underline{E}(A\times B) \longrightarrow \underline{E}(B)$,

(*) (Ajouté en Mai 1968). Une globalisation de la théorie de André-Quillen dans le contexte des topos annelés sera développée par L. ILLUSIE, en même temps que des applications à des questions standart d'obstructions (travail en préparation).

d'où un foncteur canonique (à isomorphisme unique près)

$$\underline{E}(A\times B) \longrightarrow \underline{E}(A)\times\underline{E}(B) \qquad (1.1.1)$$

Définition 1.2. *La catégorie cofibrée* $\underline{E}$ *sur la catégorie additive* $\underline{C}$ *est appelée une* catégorie cofibrée additive, *si elle satisfait aux deux conditions suivantes :*

(i) $\underline{E}(0)$ *est équivalente à la catégorie ponctuelle.*

(ii) *Pour tout couple d'objets* A, B *de* $\underline{C}$, *le foncteur canonique* (1.1.1) *est une équivalence de catégories.*

On fera attention que ceci ne signifie pas que la catégorie $\underline{E}$ (dont on oublierait le foncteur structural $\underline{E}\longrightarrow\underline{C}$) est additive, ni que ses catégories fibres $\underline{E}(A)$ le sont. Il faut considérer par contre que la définition 1.2 est une généralisation naturelle de la notion de foncteur additif d'une catégorie additive dans la catégorie des ensembles, en notant que les foncteurs d'une catégorie $\underline{C}$ dans (Ens) peuvent s'interpréter en termes de catégories cofibrées sur C dont les fibres sont des catégories discrètes.

On supposera dans toute la suite que $\underline{E}$ satisfait aux conditions de 1.2.

1.3. Utilisons d'abord la condition (i) de 1.2. Pour tout objet A de $\underline{C}$, le foncteur $\underline{E}(0)\longrightarrow\underline{E}(A)$, déduit de l'unique morphisme $0\longrightarrow A$, définit dans $\underline{E}(A)$ un objet θ_A , unique à isomorphisme unique près, comme image d'un élément arbitraire de la catégorie $\underline{E}(0)$ équivalente à une catégorie ponctuelle. Cet objet

$$\Theta_A \in \text{Ob } \underline{E}(A)$$

sera appelé par la suite <u>objet nul</u> de $\underline{E}(A)$. Si $u: A \longrightarrow B$ est le morphisme nul, on a un isomorphisme canonique

$$u_*(\Theta_A) \xrightarrow{\sim} \Theta_B \qquad \text{(si } u = 0\text{(*))}.$$

1.4. Utilisons de plus la condition (ii) de 1.2, en considérant, pour tout objet A de $\underline{C}$, l'homomorphisme somme

$$A \times A \longrightarrow A \quad ,$$

qui donne donc naissance à un foncteur

(1.4.1) $$\underline{E}(A \times A) \longrightarrow \underline{E}(A) \quad ,$$

d'où, grâce à l'équivalence (1.1.1), un foncteur (défini à isomorphisme unique près)

$$\underline{E}(A) \times \underline{E}(A) \longrightarrow \underline{E}(A) \quad ,$$

que nous noterons par le signe du produit tensoriel :

$$X, Y \longmapsto X \otimes Y \quad .$$

Les propriétés d'associativité et de commutativité connues pour l'homomorphisme somme $A \times A \longrightarrow A$, et celles de l'objet nul vis à vis de cet homomorphisme, permettent alors de définir des isomorphismes canoniques de foncteurs

(1.4.2) $$\begin{cases} (X \otimes Y) \otimes Z \simeq X \otimes (Y \otimes Z) \\ X \otimes Y \simeq Y \otimes X \\ X \otimes \Theta_A \simeq \Theta_A \otimes X \simeq X \end{cases}$$

par rapport aux arguments intervenant dans ces formules. Nous admettrons de plus, sans en faire la vérification détaillée ici, que ces isomorphismes satisfont aux conditions de compatibilité habituelles, étudiées

(*) On verra ci-dessous (1.4.6) que la notation u = 0 est en fait inutile.

par exemple dans [2] . On peut dire de façon imagée que, grâce aux conditions (i) et (ii) sur la catégorie fibrée $\underline{E}$, les fibres $\underline{E}(A)$ ressemblent à des groupes abéliens dans (Cat), tout comme dans le cas d'un foncteur additif de $\underline{C}$ dans (Ens), les valeurs prises par un tel foncteur sont munies de façon naturelle de structures de groupes abéliens. Pour compléter l'analogie, il convient également d'introduire un foncteur

(1.4.3) $$X \longmapsto X^{-1} : \underline{E}(A) \longrightarrow \underline{E}(A) \quad ,$$

déduit par cochangement de base de l'homomorphisme

$$- \mathrm{id}_A : A \longrightarrow A,$$

et donnant lieu à l'isomorphisme canonique fonctoriel en X :

(1.4.4) $$X \otimes X^{-1} \simeq \theta_A \quad ,$$

qui suffit d'ailleurs à caractériser, à isomorphisme unique près, le foncteur "inverse" $X \longmapsto X^{-1}$, comme le montre une adaptation immédiate de l'argument prouvant l'unicité de l'inverse d'un élément dans un groupe. Enfin, soit

$$u : A \longrightarrow B$$

une flèche de $\underline{C}$, alors le foncteur

$$u_* : \underline{E}(A) \longrightarrow \underline{E}(B)$$

est <u>compatible</u> avec les structures $\otimes$ mises sur $\underline{E}(A)$ et sur $\underline{E}(B)$, i.e. on a un isomorphisme canonique de bifoncteurs en X,Y

(1.4.5) $$u_*(X \otimes Y) \simeq u_*(X) \otimes u_*(Y) \quad ,$$

et un isomorphisme canonique

(1.4.6) $$u_*(\Theta_A) \simeq \Theta_B \quad ,$$

ces isomorphismes donnant lieu à trois diagrammes de compatibilité évidents, correspondants aux trois isomorphismes de (1.4.2). On trouve de même, comme conséquence de la caractérisation de X^{-1} par (1.4.4) par exemple, un isomorphisme canonique de foncteurs en X :

(1.4.7) $$u_*(X^{-1}) \simeq u_*(X)^{-1} \quad .$$

1.5. Les structures qu'on vient de mettre en évidence sur la catégorie fibre $\underline{E}(A)$ impliquent diverses conséquences formelles, sans doute bien connues des catégoristes, que nous allons passer en revue, en laissant les démonstrations au lecteur zélé.

a) $\underline{E}(A)$ est un <u>groupoïde</u>, i.e. toutes les flèches de cette catégorie sont inversibles.

b) Pour tout objet X de $\underline{E}(A)$, Aut(X) = End(X) est un <u>groupe commutatif</u>, canoniquement isomorphe à $\mathrm{Aut}(\Theta_A)$ par l'application

$$f \longmapsto f\otimes \mathrm{id}_X : \mathrm{Aut}(\Theta_A) \longrightarrow \mathrm{Aut}(X) \quad .$$

c) L'ensemble des classes à isomorphisme près d'objets de $\underline{E}(A)$ est un <u>groupe commutatif</u> par la loi de composition qui, aux classes des objets X et Y, associe celle de $X\otimes Y$. Pour cette loi, l'élément neutre est la classe de Θ_A, et l'inverse de la classe de X est celle de X^{-1}.

1.6. Nous poserons par la suite

(1.6.1) $$E^o(A) = \mathrm{Aut}(\Theta_A)$$

(1.6.2) $E^1(A)$ = ensemble des classes à isomorphisme près d'objets de $\underline{E}(A)$.

On obtient évidemment ainsi deux foncteurs de $\underline{C}$ dans (Ens), notés E^o et E^1. En fait, utilisant les structures naturelles de groupes commutatifs sur $E^o(A)$, $E^1(A)$ envisagés dans 1.5, on constate aussitôt qu'elles sont fonctorielles en A. De plus, il résulte aussitôt des conditions (i) (ii) de 1.2 que ces deux foncteurs sont additifs. D'après un argument connu, leur structure abélienne est donc uniquement déterminée, la loi d'addition de $E^o(A)$ resp. $E^1(A)$ provenant de la loi d'addition $A \times A \longrightarrow A$.

On peut d'ailleurs préciser l'additivité du foncteur E^1, en notant que pour deux flèches

$$u,v : A \rightrightarrows B$$

dans $\underline{C}$, on a un <u>isomorphisme canonique</u> dans $\underline{E}(B)$, fonctoriel en l'objet X de $\underline{E}(A)$:

(1.6.3) $$(u+v)_*(X) \simeq u_*(X) \otimes v_*(X) ,$$

dont la définition est laissée au lecteur ; on en conclut formellement, pour une flèche $u: A \longrightarrow B$, un isomorphisme canonique dans $\underline{E}(B)$, fonctoriel en l'objet X de $\underline{E}(A)$:

(1.6.4) $$(-u)_*(X) \simeq u_*(X)^{-1} .$$

1.7. Signalons également une conséquence pour la catégorie $\underline{E}$ elle-même (et non plus pour ses catégories fibres) de la condition d'additivité 1.2 : <u>dans $\underline{E}$, les produits finis existent</u>. En effet, un objet θ_0 de

$\underline{E}(0)$ est manifestement un objet final de $\underline{E}$, et si X (resp. Y) est un objet de $\underline{E}$ au dessus de l'objet A (resp. B) de $\underline{C}$, l'objet défini à isomorphisme près du premier membre de (1.1.1), correspondant au couple (X,Y) du deuxième, est manifestement un produit de X et Y dans la catégorie $\underline{E}$. Il en résulte que si on ordonne Ob(E) par la relation $X \geq Y$ signifiant que $\mathrm{Hom}(X,Y) \neq \emptyset$, alors l'ensemble préordonné opposé à Ob($\underline{E}$) admet des sup finis, et à fortiori est filtrant.

1.8. Nous allons maintenant définir une extension naturelle de la catégorie cofibrée donnée $\underline{E}$ sur $\underline{C}$ en une catégorie cofibrée $\hat{\underline{E}}$ sur la catégorie Coch($\underline{C}$) des complexes de cochaînes de $\underline{C}$ (i.e. des complexes à opérateur de dérivation de degré +1 nuls en degré <0). Soit $K^{\bullet}$ un tel complexe, on définit les objets de $\hat{\underline{E}}(K^{\bullet})$ comme étant les couples

$$(X,\alpha) \quad ,$$

où $X \in \mathrm{Ob}\ \underline{E}(K^{o})$, $\alpha : \Theta_{K^1} \longrightarrow d^{o}_{*}(X)$ étant un isomorphisme tel que l'isomorphisme :

$$d^{1}_{*}(\alpha) \ : \ d^{1}_{*}(\Theta_{K^1}) \simeq \Theta_{K^2} \longrightarrow d^{1}_{*}(d^{o}_{*}(X)) \simeq (d^{1}d^{o})_{*}(X) = (0)_{*}(X) \simeq \Theta_{K^2} \ ,$$

qui s'identifie à un automorphisme de Θ_{K^2} , soit l'automorphisme identique i.e. corresponde à l'objet nul du groupe commutatif $E^{o}(K^{2})$. (Condition vide dans le cas important où on a $K^{2} = 0$!). Une flèche de (X,α) dans (Y,β) est par définition une flèche f de X dans Y telle que l'on ait

$$\beta = d_{*}(f)\alpha \ ,$$

la composition des flèches étant celle de $\underline{E}(K^{o})$. Si

$$u: K^{\bullet} \longrightarrow K'^{\bullet}$$

est un homomorphisme de complexes de chaînes, on définit de façon évidente un foncteur

$$\hat{u}_* : \hat{\underline{E}}(K^{\bullet}) \longrightarrow \hat{\underline{E}}(K'^{\bullet}) \quad ,$$

dont la valeur sur l'objet $(X.\alpha)$ est $(u^o_*(X), u^1_*(\alpha))$ (où par abus de notations $u^1_*(\alpha)$ est regardé comme un homomorphisme $\theta_{K'1} \longrightarrow d'^o_*(u^o_*(X))$, compte tenu des isomorphismes canoniques $u^1_*(\theta_{K1}) \simeq \theta_{K'1}$ et $u^1_*(d^o_*(X)) \simeq d'^o_*(u^o_*(X))$), et la valeur sur la flèche f de (X,α) dans (Y,β) est la flèche $u^o(f)$. On trouve ainsi, comme on constate aussitôt, un "pseudofoncteur" (SGA 1 VI 7) de la catégorie $\underline{C}$ dans (Cat), permettant donc (SGA 1 VI 8) de définir une catégorie cofibrée, à fibres les $\hat{\underline{E}}(K^{\bullet})$. sur la catégorie Coch($\underline{C}$) des complexes de cochaînes de $\underline{C}$. Considérant $\underline{C}$ comme la sous-catégorie de Coch($\underline{C}$) formé des complexes "réduits au degré zéro", on constate aussitôt que la restriction de la catégorie cofibrée $\hat{\underline{E}}$ à $\underline{C}$ "n'est autre" que la catégorie cofibrée de départ $\underline{E}$, i.e. lui est canoniquement isomorphe.

La construction précédente n'utilisait que la condition (i) de 1.2, qui implique aussitôt la même condition pour la catégorie cofibrée $\hat{\underline{E}}$. Le fait que $\underline{E}$ soit une catégorie cofibrée additive sur $\underline{C}$, i.e. satisfaisant les conditions (i) et (ii), implique aussitôt la même condition pour son extension $\hat{\underline{E}}$ à Coch($\underline{C}$). Les résultats généraux précédents sur les catégories cofibrées additives sont donc également applicables à $\hat{\underline{E}}$.

1.9. Soient $K^\cdot$ et $K'^\cdot$ deux complexes de cochaînes de $\underline{C}$, et u,v deux homomorphismes de $K^\cdot$ dans $K'^\cdot$, d'où deux foncteurs

$$u_*,\ v_* :\ \hat{\underline{E}}(K^\cdot) \rightrightarrows \hat{\underline{E}}(K'^\cdot)\quad .$$

Soit k une homotopie de u à v, i.e. un homomorphisme gradué de degré -1 de $K^\cdot$ dans $K'^\cdot$ tel que l'on ait

$$(1.9.1)\qquad v - u = d'k + k\,d\quad ,$$

où d resp. d' est l'opérateur différentiel de $K^\cdot$ resp. $K'^\cdot$. On va associer à k un isomorphisme de foncteurs

$$(1.9.2)\qquad k_* :\ u_* \xrightarrow{\sim} v_*$$

de la façon suivante. Soit (X, α) un objet de $\hat{\underline{E}}(K^\cdot)$, on va définir un isomorphisme

$$(1.9.3)\qquad k_*(X,\alpha) :\ u_*(X, \alpha) \longrightarrow v_*(X, \alpha)\quad ,$$

qui est donc un isomorphisme

$$(^*)\qquad u^o_*(X) \longrightarrow v^o_*(X)$$

satisfaisant une condition de compatibilité relativement à $u^1_*(\alpha)$, $v^1_*(\alpha)$. En vertu de (1.6.3) et 1.5 b), la donnée d'un isomorphisme $(^*)$ revient à la donnée d'un isomorphisme

$$(^{**})\qquad (v^o - u^o)_*\ (X) \longrightarrow \theta_{K'^o}\quad .$$

Or en vertu de (1.9.1) le premier membre est canoniquement isomorphe à $k^1_*\ d^o_*(X)$, puisque l'on a

$$v^o - u^o = k^1 d^o\quad .$$

Utilisant l'isomorphisme $\alpha :\ \theta_{K1} \longrightarrow d^o(X)$, on en déduit un isomorphisme du premier membre de $(^{**})$ avec $k^1_*(\theta_{K1})$, lui-même canoniquement isomorphe par (1.3.1) à $\theta_{K',\bullet}$, ce qui définit (**), donc (*). Il faut vérifier de plus que cet isomorphisme est bien compatible avec $u^1_*(\alpha)$ et $v^1_*(\alpha)$, vérification laissée au lecteur, qui utilisera (1.9.1) en degré 1. Enfin, il faut vérifier que l'isomorphisme (1.9.3) est fonctoriel en X, ce qui est immédiat.

Nous admettrons au besoin par la suite, sans vérification, que les isomorphismes de la forme k_* de (1.9.2) satisfont à des propriétés diverses, de transitivité par exemple pour des compositions d'homotopies, qu'on pourrait exprimer, dans le langage introduit par M. HAKIM [11] en disant que les $\hat{\underline{E}}(K^\bullet)$ (ou plutôt les 2-catégories associées à ces catégories) sont les fibres d'une 2-catégorie fibrée au dessus de la 2-catégorie Coch(C), dans laquelle les 2-flèches sont définies comme les homotopies d'un homomorphisme de complexes dans un autre.

2. Catégories cofibrées exactes à gauche.

2.1. Dans ce numéro nous supposerons sauf mention du contraire que la catégorie additive $\underline{C}$ est même abélienne, ce qui nous permettra d'introduire sur la catégorie cofibrée $\underline{E}$ une condition plus forte que celle de 1.2 . Pour la formuler, considérons d'abord un objet A de $\underline{C}$ et un complexe de cochaînes $K^\bullet$ A-augmenté, i.e. muni d'un homomorphisme

$$\varepsilon : A \longrightarrow K^0$$

tel que $d^0\varepsilon = 0$, ou ce qui revient au même, muni d'un homomorphisme de complexes de cochaînes

$$A \longrightarrow K^\bullet$$

(où A est regardé comme un complexe de cochaînes réduit au degré zéro). On en conclut donc un foncteur canonique, déterminé à isomorphisme unique près (cf. 1.8) :

(2.1.1) $$\hat{\underline{E}}(A) \simeq \underline{E}(A) \longrightarrow \hat{\underline{E}}(K^{\cdot}) \quad .$$

En particulier, considérons une suite exacte

$$0 \longrightarrow A \xrightarrow{u} A' \xrightarrow{v} A'' \longrightarrow 0$$

dans $\underline{C}$, et soit

$$[A' \longrightarrow A'']$$

le complexe de cochaînes réduit aux degrés 0 et 1, dont les composantes de degré 0 et 1 sont A' et A" respectivement, et l'opérateur différentiel l'homomorphisme donné u : $A' \longrightarrow A''$. Alors la suite exacte donnée définit un complexe augmenté

$$A \longrightarrow [A' \longrightarrow A''] \quad ,$$

d'où comme cas particulier de (2.1.1) un foncteur canonique

(2.1.2) $$\underline{E}(A) \longrightarrow \hat{\underline{E}}([A' \longrightarrow A'']) . \; .$$

Ce foncteur associe à l'objet X de A le couple $(u_*(X), \alpha)$ où α est l'isomorphisme $v_*(u_*(X)) \simeq (vu)_* (X) = (0)_*(X) \xrightarrow{\sim} \theta_{A''}$ évident (1.3.1).

Définition 2.2. La catégorie cofibrée $\underline{E}$ sur la catégorie abélienne $\underline{C}$ est dite exacte à gauche, si elle est additive, i.e. si elle satisfait aux conditions (i) et (ii) de 1.2 , et si de plus elle satisfait à la condition suivante :

(iii) Pour toute suite exacte $0 \to A \to A' \to A'' \to 0$ dans $\underline{C}$, le foncteur canonique (2.1.2) est une équivalence de catégories.

Lorsque les fibres de $\underline{E}$ sont des catégories discrètes, de sorte que $\underline{E}$ est défini par un foncteur E de $\underline{C}$ dans (Ens), on vérifie aussitôt que $\underline{E}$ est additive (resp. exacte à gauche) si et seulement si il en est de même du foncteur E, ce qui justifie la terminologie introduite ici.

Proposition 2.3. *Supposons que la catégorie fibrée* $\underline{E}$ *est exacte à gauche, alors elle satisfait à la condition suivante, plus forte en apparenee que la condition* (iii):

(iii bis) *Pour tout complexe de chaînes* $K^{\bullet}$ *tel que* $H^1(K^{\bullet}) = 0$, *i.e. tel qu'on ait une suite exacte*

$$0 \longrightarrow A \longrightarrow K^0 \xrightarrow{d^0} K^1 \xrightarrow{d^1} K^2 \quad , \text{ où } A = H^0(K^{\bullet}) \quad ,$$

le foncteur canonique de (2.1.1)

$$\underline{E}(A) \longrightarrow \hat{\underline{E}}(K^{\bullet})$$

est une équivalence de catégories.

La démonstration est immédiate, utilisant une décomposition de la suite exacte de l'énoncé en suites exactes courtes, et utilisant (pour l'inclusion $B^2(K^{\bullet}) \hookrightarrow K^2$) la conséquence immédiate suivante de la définition 2.2 :

Corollaire 2.4. *Supposons* $\underline{E}$ *exacte à gauche. Alors le foncteur* E^0 *de* 1.6 *est exact à gauche, et pour tout monomorphisme* $A \to B$ *dans* $\underline{C}$, *le foncteur* $\underline{E}(A) \to \underline{E}(B)$ *est fidèle.*

La deuxième assertion résulte de la première, car $E^0(A) \to E^0(B)$ est injectif, et on applique 1.5 b). La première assertion est une conséquence immédiate des définitions.

2.5. Dans cette section, nous allons supposer la catégorie cofibrée $\underline{E}$ exacte à gauche. Nous allons utiliser cette condition pour montrer que le couple de foncteurs (E^o, E^1) de $\underline{C}$ dans la catégorie (Ab) des groupes abéliens provient de façon naturelle d'un <u>foncteur cohomologique tronqué à droite</u>, i.e. nous allons définir, pour toute suite exacte

$$0 \longrightarrow A \xrightarrow{u} A' \xrightarrow{v} A'' \longrightarrow 0 \quad ,$$

un homomorphisme cobord

(2.5.1) $$E^o(A'') \xrightarrow{\partial} E^1(A) \quad ,$$

fonctoriel en la suite exacte envisagée, et tel que la suite d'homomorphismes correspondante

(2.5.2) $$0 \longrightarrow E^o(A) \longrightarrow E^o(A') \longrightarrow E^o(A'') \longrightarrow E^1(A) \longrightarrow E^1(A') \longrightarrow E^1(A'')$$

soit une <u>suite exacte</u>. (NB Cette suite exacte est limitée sur la droite, où on ne peut continuer par des zéros.)

Pour définir l'homomorphisme (2.5.1), soit $\alpha \in E^o(A'')$ i.e. soit α un isomorphisme $\theta_{A''} \xrightarrow{\alpha} \theta_{A''}$. Par abus de langage, identifions par l'isomorphisme canonique (1.4.6) $\theta_{A''}$ et $v_*(\theta_{A'})$, de sorte que α peut être considéré comme un isomorphisme $v_*(\theta_{A'}) \xrightarrow{\sim} \theta_{A''}$. Alors $(\theta_{A'}, \alpha)$ est un objet de $\hat{\underline{E}}([A' \longrightarrow A''])$, qui définit donc à isomorphisme unique près un objet de $\underline{E}(A)$, dont la classe est notée $\partial(\alpha)$. Cela définit l'application (2.5.1). Il faut prouver que cette application est additive, ce qui résulte de la formule immédiate

$$(X,\alpha) \otimes (Y,\beta) \simeq (X \otimes Y, \alpha \otimes \beta) \quad .$$

La fonctorialité de ∂ par rapport aux suites exactes variables est immédiate et laissée au lecteur. Il faut enfin vérifier l'exactitude de la suite (2.5.2). L'exactitude en $E^0(A)$ et $E^0(A')$ a été vue dans 2.4.

<u>Exactitude en</u> $E^0(A'')$: pour que $\partial(\alpha)$ soit nul, il faut et suffit que $(\Theta_{A'},\alpha)$ soit isomorphe à $(\Theta_{A'},0)$, or on voit tout de suite que les isomorphismes entre ces deux objets correspondent exactement aux isomorphismes $\Theta_{A'} \longrightarrow \Theta_{A'}$ dont l'image par v_* est α , i.e. aux éléments de $E^0(A')$ dont l'image dans $E^0(A'')$ est α .

<u>Exactitude en</u> $E^1(A)$: pour qu'un objet (X,α) de $\underline{E}(A) \approx \hat{\underline{E}}([A' \longrightarrow A''])$ ait comme image X dans $\underline{E}(A')$ l'objet nul $\Theta_{A'}$, il faut et suffit évidemment qu'il soit isomorphe à un objet de la forme $(\Theta_{A'},\alpha)$, i.e. que sa classe soit dans Im ∂.

<u>Exactitude en</u> $E^1(A')$: pour qu'un objet X de $\underline{E}(A')$ soit tel que son image $v_*(X)$ dans $\underline{E}(A'')$ soit un objet nul, il faut et il suffit évidemment qu'on puisse trouver un objet (X,α) de $\hat{\underline{E}}([A' \longrightarrow A'']) \approx \underline{E}(A)$ dont il provienne, ce qui signifie que sa classe est dans l'image de $E^1(A) \longrightarrow E^1(A')$.

<u>Proposition</u> 2.6. <u>Soient $\underline{E}$ une catégorie cofibrée additive sur la catégorie additive $\underline{C}$. Soient $K^{\cdot} \longrightarrow K'^{\cdot} \longrightarrow K''^{\cdot}$ des homomorphismes de complexes de cochaînes de $\underline{C}$, de composé nul, d'où (en appliquant la définition de (2.1.2) à $\hat{\underline{E}}$ défini dans 1.8 au lieu de $\underline{E}$) un foncteur canonique</u>

(2.7.1) $$\hat{\underline{E}}(K^{\cdot}) \longrightarrow \hat{\underline{E}}([K'^{\cdot} \longrightarrow K''^{\cdot}])$$.

Considérons de même, pour chaque entier i, le foncteur correspondant

$$\underline{E}(K^{i}) \longrightarrow \hat{\underline{E}}([K'^{i} \longrightarrow K''^{i}])$$,

et supposons que ce dernier soit (2-i)-fidèle pour i = 0,1,2 , i.e. une équivalence si i = 0, pleinement fidèle si i = 1, et fidèle si i = 2. Alors le foncteur (2.7.1) est une équivalence. L'hypothèse, et par suite la conclusion, est valable en particulier dans chacun des cas suivants :

a) $0 \longrightarrow K^{\cdot} \longrightarrow K'^{\cdot} \longrightarrow K''^{\cdot} \longrightarrow 0$ est une suite exacte splittant en chaque degré.

b) La catégorie $\underline{C}$ est abélienne, et $\underline{E}$ est exacte à gauche.

La dernière observation dans 2.7 est triviale et mise seulement pour la commodité des références ultérieures. Quant à l'assertion principale, sa vérification à partir des définitions est essentiellement triviale, mises à part les difficultés habituelles concernant les compatibilités, liées au fait que $\underline{E}$ n'est pas en général scindée. Cette difficulté se surmonte par l'astuce générale de J. GIRAUD [10] , qui nous permet de nous ramener au cas où $\underline{E}$ est même coscindée, en la remplaçant par une catégorie cofibrée convenable $\underline{C}$-équivalente à $\underline{E}$. Cette réduction faite, on laisse la vérification de 2.6 au lecteur.

<u>Proposition</u> 2.7. <u>Soit $\underline{E}$ une catégorie cofibrée additive sur la catégorie abélienne $\underline{C}$. Les conditions suivantes sont équivalentes</u> :

a) <u>$\underline{E}$ est exacte à gauche.</u>

b) <u>Pour tout quasi-isomorphisme</u> $K^{\cdot} \longrightarrow K'^{\cdot}$ <u>de complexes de cochaînes dans $\underline{C}$, le foncteur correspondant</u>

$$\hat{\underline{E}}(K^{\cdot}) \longrightarrow \hat{\underline{E}}(K'^{\cdot})$$

<u>est une équivalence de catégories.</u>

c) <u>Pour tout complexe de cochaînes</u> $K^{\cdot}$ <u>acyclique, la catégorie</u> $\hat{\underline{E}}(K^{\cdot})$ <u>est équivalente à la catégorie ponctuelle, i.e.</u> $\hat{E}^1(K^{\cdot}) = 0$.

d) $\hat{\underline{E}}$ <u>sur Coch($\underline{C}$) est exacte à gauche.</u>

Les implications b)$\Longrightarrow$a), b)$\Longrightarrow$c) et d)$\Longrightarrow$a) sont triviales, et d'autre part a)$\Longrightarrow$c) est un cas particulier de 2.3. Il reste à prouver c)$\Longrightarrow$b) et a)$\Longrightarrow$d).

Prouvons c)$\Longrightarrow$b). Il est bien connu que la flèche $K^{\cdot} \to K'^{\cdot}$ est isomorphe, dans la catégorie des flèches de K($\underline{C}$), à une flèche injective de complexes de cochaînes, s'insérant dans une suite exacte courte qui splitte en chaque degré. Utilisant 1.9 , on est donc ramené au cas où on a une telle suite exacte courte

(2.7.1) $$0 \longrightarrow K^{\cdot} \longrightarrow K'^{\cdot} \longrightarrow K''^{\cdot} \longrightarrow 0 \quad .$$

En vertu de 2.6 , le foncteur naturel

(2.7.2) $$\hat{\underline{E}}(K) \to \hat{\underline{E}}([K'^{\cdot} \to K''^{\cdot}])$$

est alors une équivalence. Or, comme $K^{\cdot} \longrightarrow K'^{\cdot}$ est un quasi-isomorphisme, $K''^{\cdot}$ est acyclique, donc par hypothèse $\hat{\underline{E}}(K''^{\cdot})$ est équivalente à la catégorie ponctuelle. Il en résulte aussitôt que le foncteur "oubli de α", $(X,\alpha) \longmapsto X$:

$$\hat{\underline{E}}([K'^{\cdot} \longrightarrow K''^{\cdot}]) \longrightarrow \hat{\underline{E}}(K'^{\cdot})$$

est une équivalence de catégories. Il en est donc de même de $\hat{\underline{E}}(K^{\cdot}) \longrightarrow \hat{\underline{E}}(K'^{\cdot})$, comme composé des deux équivalences précédentes.

Enfin, l'implication a) $\Longrightarrow$ d) est contenue dans 2.6.

2.8. Nous allons maintenant donner un procédé pour associer, à une catégorie cofibrée additive $\underline{E}$ sur la catégorie abélienne $\underline{C}$, une catégorie cofibrée exacte à gauche $R^{\circ}\underline{E}$ et un foncteur cocartésien sur $\underline{C}$

(2.8.1) $$\underline{E} \longrightarrow R^{\circ}\underline{E}$$

ayant la propriété suivante : pour toute catégorie cofibrée exacte à gauche $\underline{F}$ sur $\underline{C}$, le foncteur "composition avec (2.8.1) "

(2.8.2) $$\underline{\text{Hom cocart}}_{\underline{C}}(R^{\circ}\underline{E}, \underline{F}) \longrightarrow \underline{\text{Hom cocart}}_{\underline{C}}(\underline{E},\underline{F})$$

est une équivalence de catégories. Dans la terminologie de M. HAKIM [11], l'existence d'un tel $R^{\circ}\underline{E}$ et de (2.8.1) s'exprime en disant que le 2-foncteur d'inclusion de la 2-catégorie formée des catégories cofibrées exactes à gauche sur $\underline{C}$, dans la 2-catégorie formée des catégories cofibrées additives sur $\underline{C}$, admet un 2-foncteur "2-adjoint à gauche" $\underline{E} \longrightarrow R^{\circ}\underline{E}$. Conformément aux faits généraux de loc. cit. , cela précise à priori la dépendance 2-fonctorielle de $R^{\circ}\underline{E}$ en $\underline{E}$, qui sera également claire sur la construction explicite que nous allons donner de $R^o\underline{E}$. Cette construction ne fait encore que paraphraser la construction du foncteur exact à gauche R^oE associé à un foncteur additif E de $\underline{C}$ dans la catégorie $\underline{Ab}$ des groupes abéliens, fournissant un adjoint à gauche du foncteur d'inclusion de la catégorie des foncteurs exacts à gauche dans celle des foncteurs additifs. Pour simplifier l'exposé de la construction, nous allons supposer que $\underline{C}$ contient assez d'injectifs, bien qu'il semble certain qu'une variante évidente (esquissée plus bas) de la construction donnée doive marcher dans le cas général.

Pour chaque objet A de $\underline{C}$, choisissons une immersion $A \longrightarrow C^o(A)$ de A dans un injectif, posons $C^1(A) = C^o(A)/A$, et soit

(2.8.3) $$C^{\cdot}(A) = [C^o(A) \longrightarrow C^1(A)] \ ,$$

considéré comme complexe A-augmenté. Pour toute flèche dans $\underline{C}$

$$u : A \longrightarrow B$$

soit

$$C^{\cdot}(u) : C^{\cdot}(A) \longrightarrow C^{\cdot}(B)$$

un prolongement de cette flèche en un homomorphisme de complexes, défini par un prolongement arbitraire de u, considéré comme flèche de A dans l'objet injectif $C^o(B)$, en une flèche de $C^o(A)$ dans $C^o(B)$. On sait que deux tels choix de $C^{\cdot}(u)$ diffèrent par une homotopie, elle-même déterminée modulo un homomorphisme de degré-1 de complexes. Vu les propriétés de degré et le fait que $H^1(C^{\cdot}(A)) = 0$, on voit qu'un tel homomorphisme est nécessairement nul, donc l'<u>homotopie précédente est uniquement dé-</u>

<u>terminée</u>. On en conclut, si

$$u: A \longrightarrow B , \quad v: B \longrightarrow C$$

sont des flèches composables dans $\underline{C}$, qu'on a une homotopie bien déterminée

$$h(u,v): C^{\bullet}(v)C^{\bullet}(u) \sim C^{\bullet}(vu) \quad . \tag{2.8.4}$$

Ceci posé, on posera pour tout objet A de $\underline{C}$

$$R^{o}\underline{E}(A) = \hat{\underline{E}}\ (C^{\circ}\ (A)) , \tag{2.8.5}$$

et si $u: A \longrightarrow B$ est une flèche de $\underline{C}$, on lui associe la flèche

$$R^{o}\underline{E}\ (u) : R^{o}\underline{E}(A) \longrightarrow R^{o}\underline{E}(B)$$

définie par cochangement de base par $C^{\bullet}(u)$ dans la catégorie cofibrée $\hat{\underline{E}}$ sur $\mathrm{Coch}(\underline{C})$:

$$R^{o}(\underline{E})(u)(X) = C^{\bullet}(u)\ (X) \quad .$$

Enfin, utilisant (2.8.4) et 1.9 , on associe à un couple de flèches composable u,v comme ci-dessus, un isomorphisme de foncteurs

$$h(u,v)_{*} : R^{o}(\underline{E})(v)\ R^{o}(\underline{E})(u) \xrightarrow{\sim} R^{o}(\underline{E})(vu) \quad . \tag{2.8.6}$$

On vérifie alors, utilisant l'unicité de l'homotopisme déjà invoqué, que l'on a pour trois flèches composables u,v,w de $\underline{C}$ le diagramme commutatif habituel (SGA 1 VI 7), de sorte que les données qu'on vient de construire définissent un pseudo-foncteur $\underline{C} \longrightarrow (\mathrm{Cat})$ (SGA 1 VI 8), permettant donc de construire une catégorie cofibrée, qui est la catégorie $R^{o}\underline{E}$ (2.8.1) cherchée. Le foncteur cocartésien (2.8.1) se définit alors fibre par fibre à l'aide des foncteurs d'augmentation évidents du type (2.1.2) :

(2.8.7) $$\underline{E}(A) \longrightarrow R^{o}\underline{E}(A) = \hat{\underline{E}}(C^{\cdot}(A)) \quad ,$$

et des isomorphismes de compatibilité évidents pour ces foncteurs et une flèche $A \to B$ dans $\underline{C}$, par la méthode de SGA 1 VI 12 .

Il faut encore vérifier que $R^{o}\underline{E}$ est bien exacte à gauche, ce que nous laissons aux soins du lecteur, et enfin prouver la propriété 2-universelle de (2.8.1), i.e. le fait que pour toute catégorie cofibrée $\underline{F}$ exacte à gauche sur $\underline{C}$, le foncteur (2.8.2) est une équivalence. Nous nous bornons à indiquer le principe de la vérification, qui consiste à définir un foncteur en sens inverse, et à vérifier que les deux composés sont isomorphes aux foncteurs identiques. La définition de ce foncteur quasi-inverse de (2.8.2) se fait ainsi. Soit

$$f : \underline{E} \to \underline{F}$$

un foncteur cocartésien de $\underline{E}$ dans $\underline{F}$, nous allons en déduire un foncteur cocartésien

$$f' : R^{o}\underline{E} \longrightarrow \underline{F} \quad .$$

Or on déduit de façon évidente de f un foncteur cocartésien

$$R^{o}f : R^{o}\underline{E} \longrightarrow R^{o}\underline{F} \quad ,$$

et d'autre part le fait que $\underline{F}$ soit exacte à gauche s'exprime par le fait que le foncteur cocartésien du type (2.8.1)

$$\underline{F} \to R^{o}\underline{F}$$

est une équivalence. Composant une quasi-inverse de cette dernière avec $R^{o}f$, on trouve le foncteur cocartésien cherché f' . Nous laissons au lecteur la définition de la variation fonctorielle de f' en f , et la vérification qu'on obtient bien ainsi un foncteur quasi-inverse de (2.8.1), ce qui n'offre pas de difficultés.

Lorsque l'on ne suppose plus que dans $\underline{C}$ il existe assez d'objets injectifs, le principe de la construction de $R^{o}\underline{E}$ est essentiellement le même, avec quelques complications techniques. Pour un objet A de $\underline{C}$, on regarde tous les monomorphismes $A \longrightarrow C^{o}$ de A dans un autre objet (qu'on ne suppose plus nécessairement injectif), donnant encore naissance à un complexe A-augmenté $C^{\bullet}$. Si $C^{\bullet}$ est majoré par un $C'^{\bullet}$, i.e. s'il existe un homomorphisme $C^{\bullet} \longrightarrow C'^{\bullet}$ compatible avec les augmentations, on en déduit un foncteur $\hat{\underline{E}}(C^{\bullet}) \longrightarrow \hat{\underline{E}}(C'^{\bullet})$ qui, à isomorphisme unique près, est indépendant du choix de l'homomorphisme en question (lequel est en effet déterminé modulo une homotopie unique). Ceci permet alors de définir raisonnablement une catégorie $R^{o}\underline{E}(A)$ comme une $\varinjlim$ de catégories de la forme $\hat{\underline{E}}(C^{\bullet})$ (où le symbole $\varinjlim$ est entendu au sens de SGA 4 VI 4 , et se réfère à une catégorie cofibrée convenable sur la catégorie associée à l'ensemble préordonné des $C^{\bullet}$ ...) . Le détail de cette construction est laissée au lecteur.

2.9. Notons que la construction de $R^{o}\underline{E}$ montre que si A est un objet injectif de $\underline{C}$, alors le foncteur canonique

(2.9.1) $$\underline{E}(A) \longrightarrow R^{o}\underline{E}(A)$$

est une équivalence de catégories. Lorsque $\underline{C}$ admet suffisamment d'objets injectifs, la dépendance $R^{o}\underline{E}$ en fonction de $\underline{E}$ peut aussi s'interpréter de la façon suivante. Soit $\mathrm{Inj}(\underline{C})$ la sous-catégorie pleine de $\underline{C}$ formée des objets injectifs. Si, à toute catégorie cofibrée exacte à gauche sur $\underline{C}$, on associe sa restriction $\underline{F}|\mathrm{Inj}(\underline{C})$, on constate qu'on trouve une 2-équivalence de la 2-catégorie des catégories cofibrées exactes à gauche sur $\underline{C}$ dans la 2-catégorie des catégories cofibrées additives (sans plus) sur $\mathrm{Inj}(\underline{C})$. En d'autres termes, si $\underline{F},\underline{F}'$ sont deux catégories cofibrées exactes à gauche sur $\underline{C}$, alors le foncteur restriction

(2.9.2) $$\underline{\mathrm{Hom}}\ \underline{\mathrm{cocart}}_{\underline{C}}(\underline{F},\underline{F}') \longrightarrow \underline{\mathrm{Hom}}\ \underline{\mathrm{cocart}}_{\mathrm{Inj}(\underline{C})}(\underline{F}|\mathrm{Inj}(\underline{C}),\underline{F}'|\mathrm{Inj}(\underline{C}))$$

est une équivalence de catégories, et d'autre part toute catégorie cofibrée additive sur $\mathrm{Inj}(\underline{C})$ est $\mathrm{Inj}(\underline{C})$-équivalente à une catégorie de la forme $\underline{F}|\mathrm{Inj}(\underline{C})$, avec $\underline{F}$ catégorie cofibrée exacte à gauche sur $\underline{C}$. Ceci posé, le fait que (2.9.1) soit une équivalence pour A injectif s'interprète aussi en disant que, via l'identification précédente des catégories cofibrées exactes à gauche sur $\underline{C}$ aux catégories cofibrées additives sur $\mathrm{Inj}(\underline{C})$, le 2-foncteur $\underline{E} \rightsquigarrow R^{o}\underline{E}$ de 2.8 s'identifie au 2-foncteur "restriction à $\mathrm{Inj}(\underline{C})$ " , de la 2-catégorie des catégories cofibrées additives sur $\underline{C}$ dans celle des catégories cofibrées additives sur $\mathrm{Inj}(\underline{C})$.

3. Complexe typique $L_{\bullet}^{X}$ d'un objet de $\underline{E}$. Procomplexe typique $L_{\bullet}^{\underline{E}}$ de $\underline{E}$.

3.1. Soit A un objet de $\underline{C}$, X un objet de $\underline{E}(A)$, et considérons, pour un objet variable B de $\underline{C}$, le foncteur

(3.1.1) $$B \longmapsto \mathrm{Hom}_{\underline{E}}(X,\theta_B) = D_X(B) \quad .$$

On a un homomorphisme fonctoriel évident

(3.1.2) $$\mathrm{Hom}_{\underline{E}}(X,\theta_B) \longrightarrow \mathrm{Hom}_{\underline{C}}(A,B) \quad , \qquad \text{i.e.} \quad D_X \longrightarrow h_A \quad ,$$

où h_A est le foncteur covariant de $\underline{C}$ dans (Ens) représenté par A. Lorsque le foncteur D_X est représentable, nous désignerons par Ω_X l'objet de $\underline{C}$ qui le représente, défini donc par un isomorphisme fonctoriel en B :

(3.1.3) $$\mathrm{Hom}_{\underline{C}}(\Omega_X,B) \simeq \mathrm{Hom}_{\underline{E}}(X,\theta_B) = D_X(B) \quad .$$

L'homomorphisme (3.1.2) correspond alors à un homomorphisme en sens inverse

(3.1.4) $$d_X : \quad A \longrightarrow \Omega_X \quad .$$

Nous désignerons alors par

$$L_{\bullet}^{X}$$

le complexe de chaînes défini par l'homomorphisme précédent, défini donc par les conditions

(3.1.5) $$L_1^X = A \ , \ L_o^X = \Omega_X \quad , \quad L_i^X = 0 \ \text{ pour } i \neq 0,1 \quad ,$$

l'opérateur différentiel de L_1^X dans L_o^X étant l'homomorphisme d de (3.1.4) . Le complexe $L_\bullet^X$ sera appelé le <u>complexe typique</u> de X.

Soit f: $X \longrightarrow X'$ une flèche de $\underline{E}$, au-dessus d'une flèche u: $A \longrightarrow A'$ de $\underline{C}$. On obtient alors, par composition avec $X \longrightarrow X'$ resp. $A \longrightarrow A'$ comme flèches verticales, un diagramme commutatif de foncteurs de $\underline{C}$ dans (Ens) :

$$\begin{array}{ccc} D_X & \longrightarrow & h_A \\ \downarrow & & \downarrow \\ D_{X'} & \longrightarrow & h_{A'} \end{array} \quad .$$

Lorsque D_X et $D_{X'}$ dont représentables, on trouve donc un carré commutatif d'homomorphismes

$$\begin{array}{ccc} A & \longrightarrow & \Omega_X \\ \downarrow & & \downarrow \\ A' & \longrightarrow & \Omega_{X'} \end{array} \quad ,$$

en d'autres termes un homomorphisme de complexes typiques

$$L_\bullet^f : L_\bullet^X \longrightarrow L_\bullet^{X'} \quad .$$

On trouve ainsi, lorsque D_X est représentable pour tout X, que $L_\bullet^X$ dépend fonctoriellement de X , i.e. on trouve un foncteur

$$\underline{E} \longrightarrow Ch(\underline{C}) \quad ,$$

où $Ch(\underline{C})$ est la catégorie des complexes de chaînes dans $\underline{C}$.

3.2. Soit encore X un objet de $\underline{E}$ (au-dessus d'un objet A de $\underline{C}$) tel que le complexe typique $L_{\bullet}^{X}$ de X soit défini, i.e. tel que Ω_X existe. Nous allons alors, pout tout objet B de $\underline{C}$, considérer le complexe de cochaînes

(3.2.1) $$\mathrm{Hom}^{\bullet}(L_{\bullet}^{X},B) \quad ,$$

qui s'identifie au complexe de cochaînes de longueur 1 défini par l'homomorphisme (3.1.2), et dont le H^0 et le H^1 sont donc respectivement le noyau et le conoyau dudit homomorphisme. Donc le noyau s'identifie à l'ensemble des flèches $X \longrightarrow \Theta_B$ qui sont au-dessus de la flèche nulle $u: A \longrightarrow B$, donc aussi à l'ensemble des flèches dans $\underline{E}(B)$ de $u_*(X)$ dans Θ_B, i.e. (1.3) de Θ_B dans Θ_B. On trouve donc un isomorphisme canonique

(3.2.2) $$H^{o}(\mathrm{Hom}^{\bullet}(L_{\bullet}^{X},B)) \simeq E^{o}(B) \quad ,$$

évidemment fonctoriel en X (pour X variable parmi les objets pour lesquels $L_{\bullet}^{X}$ existe). On en conclut :

Proposition 3.3. Soit X un objet de $\underline{E}$ tel que $L_{\bullet}^{X}$ existe. Pour que $H_o(L_{\bullet}^{X})$ i.e. Coker $(d_X: A \longrightarrow \Omega_X)$ existe, il faut et il suffit que le foncteur E^o soit représentable par un objet $\Omega_{\underline{E}}$ de $\underline{C}$, et alors $H_o(L_{\bullet}^{X})$ représente canoniquement ledit foncteur, i.e. est canoniquement isomorphe à $\Omega_{\underline{E}}$.

Corollaire 3.4. La condition précédente est indépendante du choix de X. Si elle est vérifiée, et si $X \longrightarrow X'$ est un homomorphisme dans

$\underline{E}$ tel que $L_\bullet^X$ et $L_\bullet^{X'}$ existent, alors l'homomorphisme correspondant $L_\bullet^X \longrightarrow L_\bullet^{X'}$ induit un isomorphisme sur les objets H_o (qui s'identifie à l'isomorphisme identique de l'objet $\Omega_{\underline{E}}$ représentant E^o) .

3.5. Nous allons maintenant interpréter le H^1 de (3.2.1) i.e. le conoyau de (3.1.1), en considérant l'homomorphisme naturel

$$\mathrm{Hom}_{\underline{C}}(A,B) \longrightarrow E^1(B)$$

dont la valeur en $u: A \longrightarrow B$ est la classe de l'objet $u_*(X)$ de $\underline{E}(B)$. Cette application est bien un homomorphisme de groupes (1.6.3). Je dis que son noyau n'est autre que l'image de l'homomorphisme (3.1.2) . En effet, pour que u appartienne au noyau, i.e. pour qu'il existe un isomorphisme $u_*(X) \xrightarrow{\sim} \Theta_B$ dans $\underline{E}(B)$, il faut et il suffit qu'il existe une flèche $X \longrightarrow \Theta_B$ dans $\underline{E}$ au-dessus de u (les dites flèches correspondant en effet biunivoquement aux flèches $u_*(X) \longrightarrow \Theta_B$ de $\underline{E}(B)$). On a donc un monomorphisme canonique

(3.5.1) $$H^1(\mathrm{Hom}^\bullet(L_\bullet^X,B)) \hookrightarrow E^1(B) \quad ,$$

dont l'image est formée des classes d'objets de $\underline{E}(B)$ qui sont majorés par X dans $\underline{E}$ (pour la relation de préordre dans $\mathrm{Ob}(\underline{E})$ obtenue en écrivant $X \geq X'$ si et seulement si $\mathrm{Hom}(X,X') \neq \emptyset$). Soit alors

(3.5.2) $$\underline{E}_X \subset \underline{E}$$

la sous-catégorie strictement pleine de $\underline{E}$ formée des objets de $\underline{E}$ majorés par X ; c'est évidemment une sous-catégorie cofibrée de $\underline{E}$, évidemment additive comme $\underline{E}$ comme il résulte de 1.7 , et qui définit donc des foncteurs additifs E_X^o , E_X^1 , avec

$$E_X{}^o = E^o \quad , \quad E_X{}^1 \hookrightarrow E^1 \quad ,$$

puisque l'inclusion cofibrante $\underline{E}_X \hookrightarrow \underline{E}$ est pleinement fidèle. On peut donc préciser l'inclusion (3.5.1) par l'isomorphisme

(3.5.3) $$H^1(\mathrm{Hom}^{\cdot}(L_{\cdot}^X \, , B)) \xrightarrow{\sim} E_X{}^1(B) \quad .$$

3.6. Soit X' un deuxième objet de $\underline{E}$, sur l'objet A' de $\underline{C}'$, tel que $L_{\cdot}^{X'}$ existe, et supposons que X' majore X, i.e. qu'il existe un morphisme $f: X' \longrightarrow X$. Alors on a évidemment

$$\underline{E}_X \hookrightarrow \underline{E}_{X'} \quad ,$$

d'où

(3.6.1) $$E_X{}^1 \hookrightarrow E_{X'}{}^1 \hookrightarrow E^1 \quad .$$

D'autre part, le choix d'un morphisme $f : X' \longrightarrow X$ définit un homomorphisme

$$L_{\cdot}^f : L_{\cdot}^{X'} \longrightarrow L_{\cdot}^X \quad ,$$

d'où un homomorphisme de complexes de chaînes

$$\mathrm{Hom}^{\cdot}(L_{\cdot}^X, B) \longrightarrow \mathrm{Hom}^{\cdot}(L_{\cdot}^{X'}, B)$$

et par suite un homomorphisme pour les H^i . Nous savons déhà que l'homomorphisme pour le H^o est indépendant de f , et s'identifie à l'endomorphisme identique de $E^o(B)$. On voit de même immédiatement que l'homomorphisme pour les H^1 rend commutatif le diagramme

(3.6.2) $$\begin{array}{ccc} H^1(\mathrm{Hom}^{\cdot}(L_{\cdot}^X, B)) & \xrightarrow{\sim} & E_X{}^1(B) \\ \downarrow & & \downarrow \\ H^1(\mathrm{Hom}^{\cdot}(L_{\cdot}^{X'}, B)) & \xrightarrow{\sim} & E_{X'}{}^1(B) \end{array} \quad ,$$

où la deuxième flèche verticale est l'inclusion de (3.6.1). Il est en particulier également indépendant de f.

3.7. Ce dernier point peut d'ailleurs se préciser, en notant que si f, g sont deux homomorphismes de X' dans X, d'où deux homomorphismes

$$L_{\cdot}^f \, , \, L_{\cdot}^g : L_{\cdot}^{X'} \rightrightarrows L_{\cdot}^X \quad ,$$

alors on a une homotopie canonique

(3.7.1) $$k_{g,f} : L_{\cdot}^f \sim L_{\cdot}^g \quad ,$$

ce qui revient ici à une flèche

$$k_{g,f} : L_o^{X'} = \Omega_{X'} \longrightarrow L_1^X = A$$

rendant commutatif les deux triangles du diagramme

$$\begin{array}{ccc} A' & \longrightarrow & \Omega_{X'} \\ \downarrow & \swarrow & \downarrow \\ A & \longrightarrow & \Omega_X \end{array} \quad ,$$

où les flèches verticales sont induites par $L_\cdot^g - L_\cdot^f$. Pour définir $k_{g,f}$, désignons par u resp. v la flèche de A' dans A définie par f resp. g, et notons que l'isomorphisme $u_*(X') \to X$ défini par f et $v_*(X') \to X$ défini par g définit un isomorphisme

$$u_*(X') \xrightarrow{\sim} v_*(X') \quad ,$$

ou ce qui revient au même en vertu de 1.5b) et (1.6.3), un isomorphisme

$$(v-u)_*(X') \xrightarrow{\sim} \Theta_A \quad ,$$

ce qui, par définition de $\Omega_{X'}$, revient à la donnée d'une flèche $k_{g,f}$ de $\Omega_{X'}$ dans A rendant commutatif le triangle supérieur du diagramme. Nous laissons au lecteur le soin de vérifier qu'il rend aussi commutatif le triangle inférieur, ce qui achève alors de définir l'homotopie cherchée (3.7.1).

On voit ainsi que si X' majore X, alors il y a une <u>classe d'homotopie canonique</u> d'homomorphismes de $L_\cdot^{X'}$ dans $L_\cdot^X$, savoir celle contenant tous les $L_\cdot^f$ pour $f \in \mathrm{Hom}(X',X)$. Lorsque $L_\cdot^X$ existe pour tout objet X de $\underline{E}$, on trouve donc un <u>proobjet canonique</u> dans la catégorie $K(\underline{C})$ des complexes de $\underline{C}$ à homotopie près, indexé par l'ensemble préordonné $\mathrm{Ob}(\underline{E})$ (qui est filtrant pour la relation de préordre opposée, en vertu de 1.7. On l'appellera parfois le <u>procomplexe typique</u> de $\underline{E}$, et on le notera $L_\cdot^{\underline{E}}$. Si $\underline{C}$ est abélienne, on désignera par le même nom, parfois, le proobjet de la catégorie dérivée $D(\underline{C})$ qu'il définit, en précisant suivant le contexte si on travaille dans $K(\underline{C})$ ou dans $D(\underline{C})$.

3.8. Comme pour X variable, on a évidemment

(3.8.1) $\quad\quad\quad\quad \underline{E} = \varinjlim_X \underline{E}_X$

(limite inductive filtrante suivant l'ensemble préordonné filtrant $(\mathrm{Ob}\,\underline{E})^o$ opposé de $\mathrm{Ob}(\underline{E})$), on en conclut aussitôt

(3.8.2) $\quad\quad\quad\quad E^1(B) \simeq \varinjlim_X E_X^1(B)$

(isomorphisme fonctoriel en B), les morphismes de transistion du système inductif étant les inclusions (3.6.1). Compte tenu de (3.5.3) on trouve donc

(3.8.3) $\quad\quad\quad\quad E^1(B) \simeq \varinjlim_X H^1(\mathrm{Hom}^\cdot(L_\cdot^X, B))$,

isomorphisme fonctoriel en B qui permet d'exprimer E^1 en termes du pro-complexe typique $L_\cdot^{\underline{E}}$. Bien entendu, on exprime de façon analogue E^o comme

(3.8.4) $\quad\quad\quad\quad E^o(B) \simeq \varinjlim_X H^o(\mathrm{Hom}^\cdot(L_\cdot^X, B))$,

mais où en vertu de 3.2 les morphismes de transition du système projectif intervenant au second membre sont des isomorphismes.

Nous verrons au n° 6 comment, plus précisément , on peut reconstituer à $\underline{C}$-équivalence près la catégorie cofibrée $\underline{E}$ à l'aide du système des complexes typiques $L_{\cdot}^{X}$.

3.9. Soient X et X' deux éléments de $\underline{E}$ tels que X' majore X, de sorte qu'on a

$$\underline{E}_X \hookrightarrow \underline{E}_{X'} \quad , \quad E_X^1 \hookrightarrow E_{X'}^1 \quad .$$

Ceci dit, les conditions suivantes sont évidemment équivalentes :

a) X majore aussi X', i.e. X et X' sont équivalents dans l'ensemble préordonné Ob($\underline{E}$).

b) $\underline{E}_X = \underline{E}_{X'}$.

c) $E_X^1 = E_{X'}^1$

Lorsque de plus $L_{\cdot}^{X}$ et $L_{\cdot}^{X'}$ existent, ces conditions équivalent aussi à la condition

d) Le morphisme canonique $L_{\cdot}^{X'} \longrightarrow L_{\cdot}^{X}$ de $K(\underline{C})$ (3.7) est un isomorphisme (i.e. pour une flèche f: X' $\longrightarrow$ X, la flèche $L_{\cdot}^{f}: L_{\cdot}^{X} \longrightarrow L_{\cdot}^{X'}$ est une équivalence d'homotopie).

En effet, a) implique évidemment d) en vertu de (3.7), et d) implique c) en vertu de (3.5.3) et la comptabilité 3.6.

3.10. En particulier, si X est un objet de $\underline{E}$, les conditions suivantes sont équivalentes:

a) X est un objet maximal de l'ensemble préordonné Ob($\underline{E}$).

b) $\underline{E}_X = E$.

c) $E_X^1 = E^1$.

d) (Lorsque tout objet de $\underline{E}$ admet un complexe typique.) Pout tout objet X' de $\underline{E}$ majorant X, la flèche canonique $L_{\cdot}^{X'} \longrightarrow L_{\cdot}^{X}$ de $K(\underline{C})$ (complexes de $\underline{C}$ à homotopie près) est un isomorphisme.

Pour qu'il existe un tel objet X de $\underline{E}$, il est donc nécessaire et suffisant que le proobjet typique $L_{\cdot}^{\underline{E}}$ dans $K(\underline{C})$ soit isomorphe à un pro-objet constant. Dans ce cas, on peut donc identifier $L_{\cdot}^{\underline{E}}$ à un objet de $K(\underline{C})$ i.e. à un "complexe à homotopie près dans $\underline{C}$ ", qu'on appelera encore le complexe typique de $\underline{E}$, et qu'on notera encore $L_{\cdot}^{\underline{E}}$. Avec cette convention, les formules (3.8.4) et (3.8.3) deviennent simplement:

(3.10.1) $E^0(B) \simeq H^0(\mathrm{Hom}^{\cdot}(L_{\cdot}^{\underline{E}}, B))$, $E^1(B) \simeq H^1(\mathrm{Hom}^{\cdot}(L_{\cdot}^{\underline{E}}, B))$

(isomorphismes fonctoriels en B) . Dans 6.4., nous verrons plus précisément comment on peut reconstituer la catégorie cofibrée $\underline{E}$ à $\underline{C}$-équivalence près, à l'aide du complexe typique $L_{\cdot}^{E} \in \mathrm{Ob}\, K(\underline{C})$.

3.11. Application à la catégorie cofibrée $\hat{\underline{E}}$.

Soit X un objet de $\underline{E}$, d'où la sous-catégorie cofibrée pleine (3.5.2) $\underline{E}_X$ de $\underline{E}$ des objets de $\underline{E}$ majorés par X Il est évident alors que $\hat{\underline{E}}_X$ s'identifie à une sous-catégorie cofibrée pleine de $\hat{\underline{E}}$ (Cf. 1.8), dont la fibre en le complexe de cochaînes K de $\underline{C}$ est formé des couples (Y, α) , $Y \in \mathrm{Ob}\, \underline{E}(K^o)$, comme précisés dans 1.8 , tels que de plus Y soit majoré par X dans $\underline{E}$. Nous désignons par

$$\hat{E}^o \quad \text{et} \quad \hat{E}^1 \quad , \quad \text{resp.} \quad \hat{E}_X{}^o \quad \text{et} \quad \hat{E}_X{}^1$$

les foncteurs additifs sur $\mathrm{Coch}(\underline{C})$ associés aux catégories cofibrées additives $\hat{\underline{E}}$ resp. $\hat{\underline{E}}_X$. Comme $\hat{\underline{E}}$ est la réunion filtrante de ses sous-catégories cofibrées pleines $\hat{\underline{E}}_X$,

$$\hat{\underline{E}} = \varinjlim_X \hat{\underline{E}}_X \quad ,$$

on en conclut aussitôt des isomorphismes canoniques

$$(3.11.1) \qquad \hat{E}^o = \hat{E}_X{}^o = \varinjlim_X \hat{E}_X^o \quad , \quad \hat{E}^1 \xrightarrow{\sim} \varinjlim_X \hat{E}_X^1 \quad ,$$

d'ailleurs les morphismes de transition dans le deuxième système inductif de (3.11.1) sont des monomorphismes, i.e. on a des inclusions

$$(3.11.2) \qquad \hat{E}_X^1 \longrightarrow \hat{E}^1 \quad ,$$

permettant d'identifier les $\hat{E}_X{}^1$ à des sous-foncteurs de $\hat{E}^1$, de réunion égale à ce dernier.

Supposons que $L_{\cdot}^{X}$ existe. Notre objet dans cette section est de définir un isomorphisme canonique, fonctoriel en $X \in \mathrm{Ob}\, \underline{E}$ et $K^{\cdot} \in \mathrm{Ob}\, \mathrm{Coch}(\underline{C})$:

$$(3.11.3) \qquad \hat{E}_X{}^1(K^{\cdot}) \simeq H^1(\mathrm{Hom}^{\cdot}(L_{\cdot}^{X}, K^{\cdot})) \ ,$$

généralisant (3.5.3), d'où par passage à la limite sur X (en supposant que $L_{\cdot}^{X}$ existe pour tout X) un isomorphisme canonique fonctoriel en $K^{\cdot}$

$$(3.11.4) \qquad \hat{E}^1(K^{\cdot}) \simeq \varinjlim_X H^1(\mathrm{Hom}^{\cdot}(L_{\cdot}^{X}, K^{\cdot})) \quad ,$$

la limite inductive étant prise suivant l'ensemble préordonné opposé à Ob $\underline{E}$, ce qui a un sens grâce à 3.7. On a d'ailleurs également la formule suivante, dont la vérification est laissée au lecteur vue sa trivialité:

$$(3.11.5) \qquad \hat{E}^o(K^{\cdot}) \simeq \hat{E}_X^o(K^{\cdot}) \simeq H^o(\mathrm{Hom}^{\cdot}(L_{\cdot}^{X}, K^{\cdot})) \simeq \mathrm{Hom}(\Omega_{\underline{E}}, H^o(K^{\cdot})) \quad .$$

Définissons donc (3.11.3). Soit (Y, α) un objet de $\hat{\underline{E}}_X(K^{\cdot})$. En vertu de (3.5.3) l'objet Y de $\underline{E}(K^o)$ est défini par un morphisme

$$u^o : \quad L_1^X \longrightarrow K^o \quad ,$$

(bien déterminé modulo morphismes provenant de morphismes $L_o^X \to K^o$).
Alors $d_*^o(Y)$ est défini par le composé $d^o u^o : L_1^X \to K^o \to K^1$, et la donnée d'un isomorphisme α de ce dernier objet avec l'objet nul θ_{K^1} équivaut à la donnée d'un homomorphisme

$$u^1 : L_o^X \to K^1$$

tel que $u^1 d_X = (d^o u^o)$, par définition même (3.1) de L_o^X . Il faut enfin exprimer la condition de comptabilité de l'isomorphisme α avec d^1 introduite dans 1.8. On constate que celle-ci s'exprime par la formule $d^1 u^1 = 0$.
En résumé, un objet (Y, α) de $\hat{\underline{E}}_X$ est décrit, à isomorphisme près, par la donnée d'un diagramme commutatif

$$\begin{array}{ccccccc} 0 & \to & L_1^X & \xrightarrow{d_X} & L_o^X & \to & 0 \\ & & \downarrow{u^o} & & \downarrow{u^1} & & \downarrow \\ 0 & \to & K^o & \to & K^1 & \to & K^2 \end{array} ,$$

qu'on peut encore interpréter comme un homomorphisme de complexes de chaines

$$u : \left[L_1^X \xrightarrow{d_X} L_o^X\right] \to K^{\cdot}[1].$$

Soit $v = (v^o, v^1)$ un autre tel homomorphisme, quels sont les isomorphismes entre les objets correspondants (Y, α) et (Z, β) de $\hat{\underline{E}}_X(K^{\cdot})$?
Ce sont les isomorphismes entre Y et Z dans $\underline{E}(K^o)$ satisfaisant à une condition de compatibilité avec α, β explicitée dans 1.8. Or dans 3.5 on a vu que les isomorphismes de $Y = u_*^o(X)$ dans $Z = v_*^o(X)$ correspondent biunivoquement aux homomorphismes

$$k^1 : L_o^X \to K^o$$

tels que

$$k^1 d_X = v^o - u^o \quad .$$

Il faut de plus exprimer la condition de compatibilité avec α , β déjà invoquée. On trouve que celle-ci s'exprime par la formule

$$d^o k^1 = v^1 - u^1 \quad .$$

Les deux conditions précèdentes sur k expriment que k^1 est une homotopie de u à v, plus précisément que l'unique homomorphisme k de degré -1 d'objets gradués $\left[L_1^X \xrightarrow{d_X} L_o^X\right] \to K^{\cdot}$ qui coincide avec k^1 en degré 1, satisfait la condition

$$k\, d_{(L_{\cdot}^X)} + d_{K^{\cdot}} . k = v - u \quad .$$

On a ainsi défini une bijection canonique, évidemment fonctorielle en X et en $K^{\cdot}$, entre le premier membre de (3.11.3) et l'ensemble des homomorphismes dans $K(\underline{C})$ de $\left[L_1^X \xrightarrow{d_X} L_o^X\right]$ dans $K^\cdot$. Ce dernier ensemble est d'autre part isomorphe canoniquement (et fonctoriellement en $K^\cdot$, X) au deuxième membre de (3.11.3), qui peut aussi s'interpréter comme l'ensemble des homomorphismes dans $K(\underline{C})$

$$\left[L_1^X \xrightarrow{-d_X} L_o^X\right] = L_\cdot^X[-1] \to K^\cdot \quad .$$

En effet, $L_\cdot^X[-1]$ est isomorphe à $\left[L_1^X \to L_o^X\right]$ par $(id_{L_1^X}, -id_{L_o^X})$. On associe donc à l'homomorphisme $u = (u^o, u^1)$ ci-dessus l'homomorphisme $u' = (u^o, -u^1)$ de $L_\cdot^X[-1]$, à l'homotopie k entre u et v correspondante l'homotopie-k entre u' et v'. Ceci achève de définir la bijection canonique (3.11.3).

3.12. La formule (3.11.3), qui peut aussi se récrire

$$\hat{E}_X^1(K^\cdot) \simeq \mathrm{Hom}_{K(\underline{C})}(L_\cdot^X[-1], K^\cdot) \quad ,$$

montre donc que le foncteur E_X^1 sur $\mathrm{Coch}^-(\underline{C})$ se factorise en fait par la catégorie des complexes de cochaînes à homotopie près (ce qu'on savait d'ailleurs déjà grâce à 1.9), et qu'en tant que foncteur sur cette dernière catégorie il est <u>représentable</u> par le complexe de cochaînes $L_\cdot^X[-1]$, tout comme le foncteur $\hat{E}^o = \hat{E}_X^o$ d'ailleurs, représentable par le complexe $\Omega_{\underline{E}}$ réduit au degré 0. On a en particulier un élément canonique de

$$\hat{E}_X^1(L_\cdot^X[-1]) \subset \hat{E}^1(L_\cdot^X[-1]) \quad ,$$

(3.12.1) $$\xi_X \in \mathrm{Ob}\,\hat{\underline{E}}(L_\cdot^X[-1]),$$

qui par l'isomorphisme déjà envisagé entre $L_\cdot^X[-1]$ et le complexe $\left[L_1^X \xrightarrow{d_X} L_o^X\right]$, correspond à l'objet canonique

(3.12.2) $$\xi'_X \in \mathrm{Ob}\,\hat{\underline{E}}(L_1^X \to L_o^X)$$

défini par $\xi'_X = (X, \alpha)$, où α est la "trivialisation universelle de X", résultant de la définition même (3.1) de $L_o^X = \Omega_X$. Si X' majore X alors ξ_X est canoniquement isomorphe à l'image de $\xi_{X'}$ par le morphisme de complexes de cochaînes déduit par translation -1 de $L_\cdot^{X'} \to L_\cdot^X$, et en vertu de la bijection (3.11.3) cette condition caractérise déjà $L_\cdot^{X'} \to L_\cdot^X$ en tant que flèche de $K(\underline{C})$.

4. <u>Le proobjet $N_{\underline{E}}$ et l'homomorphisme caractéristique d'un objet de $\underline{E}$</u>.

4.1 Dans le présent numéro et le suivant, nous supposerons que $\underline{C}$ est une catégorie abélienne, et nous nous intéresserons aux objets de cohomologie des $L^X_.$ respectivement de $L^{\underline{E}}_.$, ces derniers étant interprétés comme les proobjets $(H_i(L^X_.))_{X\in Ob(\underline{E})}$, pour i=0,1. Pour simplifier, nous supposerons que $\underline{E}$ satisfait à la condition

(iv) Le procomplexe typique $L^{\underline{E}}_.$ de $\underline{E}$ est défini, i.e. pour tout objet X de $\underline{E}$, le complexe typique $L^X_.$ est défini i.e. le foncteur D_X de (3.1) est représentable.

Rappelons pour mémoire (3.4) que $H_o(L^{\underline{E}}_.)$ est un proobjet constant, s'identifiant donc à un objet de $\underline{C}$ que nous noterons $\Omega_{\underline{E}}$, et qui représente canoniquement le foncteur E^o :

(4.1.1) $$\Omega_{\underline{E}} = H_o(L^{\underline{E}}_.) \quad .$$

On posera d'autre part

(4.1.2) $$N_{\underline{E}} = H_1(L^{\underline{E}}_.) \quad ,$$

c'est donc le proobjet des N_X , $X \in Ob(\underline{E})$, où pour tout objet de X de $\underline{E}$, on pose

(4.1.3) $$N_X = H_1(L^X_.) = \mathrm{Ker}\,(A \rightarrow \Omega_X) \quad ,$$

où A est l'objet de $\underline{C}$ au dessus duquel se trouve X.

Proposition 4.2. Le proobjet $N_{\underline{E}}$ de $\underline{C}$ est strict, i.e. si l'objet X' de $\underline{E}$ majore l'objet X, alors l'homomorphisme de transition $N_{X'} \rightarrow N_X$ est un épimorphisme. De plus, pour X et X' comme ci-dessus, les conditions suivantes sont équivalentes :

a) $N_{X'} \rightarrow N_X$ est un isomorphisme.

b) $L^{X'}_. \rightarrow L^X_.$ est un isomorphisme dans la catégorie dérivée $D(\underline{C})$, i.e. pour une flèche $f:X' \rightarrow X$, l'homomorphisme correspondant $L^{X'}_. \rightarrow L^X_.$ est un quasi-isomorphisme.

c) Le foncteur $E_{X'}^1/E_X^1$ est effaçable, i.e. pour tout objet B de C et tout $x \in E_{X'}^1(B)$, il existe un monomomorphisme $u:B \rightarrow B'$ dans C tel que $u(x) \in \mathrm{Im}\, E_X^1(B)$.

c') Pour tout objet Y de E au-dessus d'un objet B de C, tel que X' majore Y, il existe un monomorphisme u: $B \rightarrow B'$ dans C tel que X majore $u_*(Y)$.

Si dans C il existe suffisamment d'injectifs, ces conditions équivalent aussi aux suivantes :

d) Pour tout objet injectif B de S, on a $E_X^1(B) = E_{X'}^1(B)$.

d') Tout objet Y de E, au-dessus d'un objet injectif B de C , qui est majoré par X' est majoré par X.

Démonstration de 4.2. Les équivalences a)$\Leftrightarrow$b) , c)$\Leftrightarrow$c'), d)$\Leftrightarrow$d') et c)$\Leftrightarrow$d) sont triviales. L'équivalence a)$\Leftrightarrow$c) est un cas particulier du lemme suivant, compte tenu de (3.5.3) et de la compatibilité (3.6); ce lemme implique aussi la première assertion de la proposition.

Lemme 4.2.1. Soit $L.' \to L.$ un homomorphisme de complexes dans la catégorie abélienne $\underline{C}$, et soit i un entier (i=1 dans le cas particulier envisagé plus haut). Si pour tout objet B de $\underline{C}$, l'homomorphisme

(*) $$E^i(B) = H^i(\mathrm{Hom}^\cdot(L.,B)) \to E'^i(B) = H^i(\mathrm{Hom}^\cdot(L.',B))$$

est injectif, alors l'homomorphisme

(**) $$H_i(L.') \to H_i(L.)$$

est surjectif, (et la réciproque est vraie si on suppose de plus que l'homomorphisme

$$H_{i-1}(L.') \longrightarrow H_{i-1}(L.)$$

est bijectif). Pour que le foncteur E'^i/E^i soit en outre effaçable, (ou encore, si $\underline{C}$ admet suffisamment d'objets injectifs, pour que ce foncteur s'annule sur les objets injectifs), il faut et il suffit que l'homomorphisme (**) soit même bijectif.

La démonstration de ce lemme standard est laissée au lecteur.

4.3. Soit X un objet de $\underline{E}$ au dessus de l'objet A de $\underline{C}$. L'homomorphisme composé

$$c_X : \quad N_{\underline{E}} \to N_X = \mathrm{Ker}\,(A \to \Omega_X) \longrightarrow A$$

de proobjets de $\underline{C}$ est appelé l'homomorphisme caractéristique de l'objet X.

En vertu de 4.1 et 4.2 , cet homomorphisme s'insère donc dans une suite exacte fonctorielle en X

(4.3.1) $$N_{\underline{E}} \to A \to \Omega_X \to \Omega_{\underline{E}} \to 0 \quad .$$

Pour que l'homomorphisme caractéristique soit nul, il faut et il suffit que l'on ait $N_X = 0$, i.e. que l'homomorphisme canonique $A \to \Omega_X$ soit injectif. Quand il en est ainsi, Ω_X est donc une extension de $\Omega_{\underline{E}}$ par A. On obtient un foncteur canonique de la sous-catégorie pleine $\underline{E}_s$ de $\underline{E}$ formé des objets à homomorphisme caractéristique nul, dans la catégorie $\underline{\mathrm{Ex}}(\Omega_{\underline{E}})$ des extensions de $\Omega_{\underline{E}}$ par des objets de $\underline{C}$:

$$\underline{E}_s \to \underline{\mathrm{Ex}}(\Omega_{\underline{E}}) \quad ,$$

foncteur qui est évidemment un foncteur cartésien de catégories cofibrées additives sur $\underline{C}$. (Nous verrons plus bas que ce foncteur est une équivalence lorsque $\underline{E}$ est exacte à gauche (2.2).)

4.4. On conclut comme cas particulier de 4.2 que pour un objet X de $\underline{E}$, les conditions suivantes sont équivalentes :

a) Pour tout objet X' de $\underline{E}$ majorant X, l'homomorphisme canonique $N_{X'} \rightarrow N_X$ est un isomorphisme.

b) Pour tout objet X' de $\underline{E}$ majorant X, l'homomorphisme canonique $L.^{X'} \rightarrow L.^{X}$ de la catégorie dérivée $D(\underline{C})$ est un isomorphisme, i.e. pour une flèche $f:X' \rightarrow X$, la flèche correspondante $L.^{X'} \rightarrow L.^{X}$ est un quasi-isomorphisme.

c) Le foncteur $E^1/E_X{}^1$ est effaçable,

c') Pour tout objet Y de $\underline{E}$ au dessus d'un objet B de $\underline{C}$, il existe un monomorphisme $u:B \rightarrow B'$ dans $\underline{C}$ tel que $u_*(Y)$ soit majoré par X.

Enfin, si $\underline{C}$ admet suffisamment d'objets injectifs, ces conditions équivalent encore aux suivantes:

d) Pour tout objet injectif B de $\underline{C}$, on a $E^1(B) = E_X{}^1(B)$.

d') Tout objet Y de $\underline{E}$ au dessus d'un objet injectif B de $\underline{C}$ est majoré par X.

Un objet X de $\underline{E}$ satisfaisant aux conditions précédentes sera appelé un <u>objet quasi-maximal de</u> $\underline{E}$. Pour qu'il existe un objet quasi-maximal de $\underline{E}$, il faut et il suffit donc que le proobjet $L.^{\underline{E}}$ de $D(\underline{C})$ soit isomorphe à un proobjet constant. Dans ce cas, on peut identifier $L.^{\underline{E}}$ à un objet de la catégorie dérivée $D(\underline{C})$, valeur commune (à quasi-isomorphisme près) des complexes typique $L.^{X}$ pour X quasi-maximal. De même, $N_{\underline{E}}$ s'identifie alors à un objet de $\underline{C}$, valeur commune (à isomorphisme canonique près) des N_X pour X quasi-maximal, ou, si on préfère, limite projective du pro-objet stationnaire $L.^{\underline{E}}$. La suite exacte (4.3.1) peut alors être considérée comme une suite exacte d'objets ordinaires de $\underline{C}$.

En plus des propriétés (i) à (iv) déjà introduites pour la catégorie cofibrée $\underline{E}$, nous aurons donc l'occasion également d'utiliser la suivante :

(v) Il existe un objet quasi-maximal de $\underline{E}$

4.5. On peut donner du proobjet $N_{\underline{E}}$ une interprétation analogue à celle déjà donnée pour $\Omega_{\underline{E}} = H_o(L^{\underline{E}})$ (qui représente E^o), dont la vérification est immédiate à partir de la définition et de (3.8.3) : <u>$N_{\underline{E}}$ proreprésente le foncteur exact à gauche R^oE^1 associé à E^1</u>. On en conclut que pour que $\underline{E}$ admette un objet quasi-maximal, il faut et il suffit que R^oE^1 soit représentable, auquel cas il est représentable par l'objet $N_{\underline{E}}$ de $\underline{C}$.

5. <u>Cas d'une catégorie cofibrée exacte à gauche</u>.

5.1. Nous supposons dans le présent numéro que $\underline{C}$ est une catégorie abélienne, et que la catégorie cofibrée $\underline{E}$ sur $\underline{C}$ satisfait aux conditions (i) (ii) et (iv), i.e. que c'est une catégorie cofibrée additive admettant un procomplexe typique $L^{\underline{E}}$.

5.2. Soient $L.$ et $K^{\cdot}$ deux complexes de $\underline{C}$; conformément aux conventions générales, nous écrivons $\mathrm{Ext}^i(L.,K^{\cdot})$ pour les homomorphismes de degré i de $L.$ dans $K^{\cdot}$ dans la catégorie dérivée $D(\underline{C})$. On a donc des isomorphismes canoniques

(5.2.1) $$\mathrm{Ext}^i(L.,K^{\cdot}) \simeq \varinjlim_{L!} \mathrm{Hom}^i_{K(\underline{C})}(L'.,K^{\cdot}) \simeq \varinjlim_{K'^{\cdot}} \mathrm{Hom}^i_{K(\underline{C})}(L.,K'^{\cdot})$$

$$\simeq \varinjlim_{L!,K'^{\cdot}} \mathrm{Hom}^i_{K(\underline{C})}(L'.,K'^{\cdot}) \quad ,$$

où $L!$ parcourt la catégorie filtrante des objets de $K(\underline{C})$ sur $L.$ à flèche structurale $L! \longrightarrow L.$ un quasi-isomorphisme, et $K'^{\cdot}$ la catégorie filtrante des objets de $K(\underline{C})$ sous $K^{\cdot}$ à flèche structurale $K^{\cdot} \longrightarrow K'^{\cdot}$ un quasi-isomorphisme, $K(\underline{C})$ désignant comme d'habitude la catégorie des complexes de $\underline{C}$ à homotopie près. Rappelons d'autre part que pour deux complexes $L.$, $K^{\cdot}$ on a isomorphisme canonique :

(5.2.2) $$\mathrm{Hom}^i_{K(\underline{C})}(L.,K^{\cdot}) = H^i(\mathrm{Hom}^{\cdot}(L.,K^{\cdot})) \quad .$$

Supposons maintenant que $K^{\cdot}$ soit réduit à un objet B de $\underline{C}$. Alors il résulte de la première assertion de 4.2.1 que dans le premier système inductif de (5.2.1), les homomorphismes de transition sont injectifs. En particulier, on en conclut que l'homomorphisme canonique

(5.2.3) $$H^i(\mathrm{Hom}^{\cdot}(L.,B)) \longrightarrow \mathrm{Ext}^i(L.,B)$$

est <u>injectif</u>.

5.3. Revenant alors à la formule (3.8.3), on trouve un homomorphisme canonique injectif, fonctoriel en B :

(5.3.1) $$E^1(B) \hookrightarrow \varinjlim_X \mathrm{Ext}^1(L_\cdot^X, B)$$

Bien entendu, la formule (3.8.4) peut également s'écrire comme un isomorphisme fonctoriel :

(5.3.2) $$E^o(B) \simeq \varinjlim_X \mathrm{Ext}^o(L_\cdot^X, B) \quad .$$

Théorème 5.4. Sous les conditions (i) (ii) (iv) rappelées dans 5.1, les conditions suivantes sur la catégorie cofibrée $\underline{E}$ sont équivalentes :

a) $\underline{E}$ est exacte à gauche (condition (iii) de 2.2).

b) L'homomorphisme fonctoriel (5.3.1) est un isomorphisme.

c) Pour tout objet X de $\underline{E}$ et tout quasi-isomorphisme $u: L_\cdot^! \to L_\cdot^X$ dans $C(\underline{C})$, avec $L_i^! = 0$ pour $i \neq 0,1$, il existe un objet X' de $\underline{E}$ majorant X tel que le morphisme $L_\cdot^{X'} \to L_\cdot^X$ de $C(\underline{C})$ se factorise par u.

De plus, si ces conditions sont vérifiées, l'opérateur cobord (2.5.1) s'identifie, à l'aide des isomorphismes (5.3.1) et (5.3.2), à l'homomorphisme déduit par passage à la limite à partir des homomorphismes cobords habituels

$$\mathrm{Ext}^o(L_\cdot^X, A'') \xrightarrow{\partial} \mathrm{Ext}^1(L_\cdot^X, A) \quad .$$

5.4.1. On voit donc que lorsque $\underline{E}$ est exacte à gauche, alors la structure du foncteur cohomologique tronqué (E^o, E^1, ∂) de 2.5 est entièrement déterminée à l'aide du procomplexe typique $L_\cdot^{\underline{E}}$, en tant que proobjet de la catégorie dérivée $D(\underline{C})$ seulement. La situation est particulièrement simple lorsque de plus $\underline{E}$ admet un objet quasi-maximal (4.4) , de sorte que $L_\cdot^{\underline{E}}$ s'identifie à un objet ordinaire de $D(\underline{C})$, dont la connaissance implique celle du foncteur cohomologique tronqué précédent, via les isomorphismes canoniques déduits de (5.3.1) et (5.3.2)

(5.4.1.1) $$E^o(B) \simeq \mathrm{Ext}^o(L_\cdot^{\underline{E}}, B) \quad , \quad E^1(B) \simeq \mathrm{Ext}^1(L_\cdot^{\underline{E}}, B) \quad .$$

Nous verrons plus bas (6.9) comment la connaissance de $L_\cdot^{\underline{E}}$ permet même, dans ce cas, de reconstituer la catégorie cofibrée $\underline{E}$ à $\underline{C}$-équivalence près.

5.4.2. Prouvons a)$\Rightarrow$c). Soit en effet $u: L_\cdot^! \to L_\cdot^X$ un quasi-isomorphisme comme dans c). Alors en vertu de a) et (2.7), le foncteur

$$\hat{\underline{E}}(L_\cdot^![-1]) \to \hat{\underline{E}}(L_\cdot^X[-1])$$

est une équivalence. Utilisant l'objet canonique ξ_X du deuxième membre (3.12.1), on trouve que celui-ci provient d'un objet ξ' du premier membre, déterminé à isomorphisme unique près. En vertu de (3.11.3), ce dernier est donc défini par un homomorphisme dans $K(\underline{C})$,

$$L.^{X'} \longrightarrow L! \quad ,$$

comme image de l'objet canonique $\xi_{X'}$ par le foncteur correspondant $\hat{\underline{E}}(L.^{X'}[-1]) \longrightarrow \hat{E}(L![-1])$. Comme l'homomorphisme composé

$$L.^{X'} \longrightarrow L! \longrightarrow L.^{X}$$

applique alors $\xi_{X'}$ dans ξ_X (à un isomorphisme près), on voit que cet homomorphisme est égal à l'homomorphisme de transition $L.^{X'} \longrightarrow L.^{X}$, ce qui prouve c). On notera qu'on a seulement utilisé la condition que $L_i^! = 0$ pour $i \geq 2$ (de sorte que $L![-1]$ est un complexe de cochaînes), et non pas $L_i^! = 0$ pour $i \neq 0$; il est d'ailleurs évident à priori que le cas particulier formulé dans la condition c) implique le cas plus général en apparence qu'on vient de signaler.

5.4.3. Prouvons que c) implique b). On sait que dans la formule (5.2.1), si on suppose $H_n(L.) = 0$ pour $n < n_o$, on peut dans le deuxième membre se borner à des L! pour lesquels la même condition est vérifiée. De plus, lorsque $K^{\cdot}$ est un complexe de <u>cochaînes</u>, on peut se borner dans cette expression de prendre des L! tels que $L_n^! = 0$ pour $n > i$: en effet, $\mathrm{Hom}^i_{K(\underline{C})}(L!\ ,K^{\cdot})$ ne change pas, comme on constate aussitôt, lorsqu'on remplace L! par le complexe tronqué déduit de L! en remplaçant par 0 les composants de degré $> i$, et en remplaçant $L_i^!$ par $\mathrm{Coker}(L_{i+1}^! \longrightarrow L_i^!)$, (lequel tronqué dépend fonctoriellement de L!). Cela dit, lorsque $L. = L.^X$, et que $K^{\cdot}$ est réduit au degré zéro, on peut donc dans le deuxième membre de (5.2.1) se borner aux L! qui sont des complexes de chaînes avec $L_i^! = 0$ pour $i \neq 0,1$. Passant à la limite dans la formule obtenue pour X variable, on trouve que le deuxième membre de (5.3.1) s'exprime comme une limite inductive d'expressions $\mathrm{Hom}^1_{K(\underline{C})}(L!\ , B)$, où L! est un complexe comme ci-dessus, s'envoyant dans un $L.^X$ par un quasi-isomorphisme de $K(\underline{C})$. La condition c) signifie que dans la catégorie cofiltrante de ces L! , les $L.^X$ sont cofinaux. Donc le deuxième membre de (5.3.1) n'est autre que $\varinjlim \mathrm{Hom}^1_{K(\underline{C})}(L.^X,B)$, i.e. $\mathbf{R}^1(B)$ en vertu de (3.8.3).

5.4.4. Prouvons que b) implique a). Cette implication tombera comme un fruit mûr dans (6.9), qui précise l'isomorphisme (3.8.3) comme provenant d'une équivalence remarquable de catégories fibrées. Mais comme la vérification des compatibilités sur lesquelles devrait reposer loc. cit. est particulièrement pénible, nous indiquons ici le principe d'une démonstration plus directe. Nous allons utiliser le

Lemme 5.4.4.1. Supposons toujours que la catégorie cofibrée $\underline{E}$ satisfait aux conditions (i) (ii) (iv) comme précisé dans 5.1. Alors pour toute suite exacte

$$0 \to A \to A' \to A'' \to 0$$

de $\underline{C}$, le foncteur correspondant (2.1.2) :

$$(^{*}) \qquad \underline{E}(A) \to \hat{\underline{E}}([A' \to A''])$$

est pleinement fidèle.

Utilisant le fait que le foncteur en question est compatible avec les structure $\circledast$ sur les deux membres (dans le sens explicité dans 1.4), on voit que la fidélité (resp. pleine fidélité) du foncteur équivaut au fait que la suite

$$0 \to E^{o}(A) \to E^{o}(A') \to E^{o}(A'')$$

est exacte en $E^{o}(A)$ (resp. est exacte), ce qui exprime en effet que l'homomorphisme sur les groupes Aut des objets nuls induit par (*) est injectif (resp. et que de plus un objet du premier membre qui devient nul dans le second est nul). Donc la validité de la conclusion du lemme pour toute suite exacte $0 \to A \to A' \to A'' \to 0$ équivaut à l'exactitude à gauche de E^{o}. Or l'hypothèse du lemme implique que E^{o} est représentable (3.3), et à fortiori exact à gauche.

Compte tenu du lemme, pour prouver la condition a) de 5.4 moyennant la condition b), il reste à prouver que le foncteur (*) est essentiellement surjectif. Or en vertu de (3.11.3), un objet du second membre est défini par un homomorphisme de degré 1 dans $K(\underline{C})$

$$L_{\cdot}^{X} \to [A' \to A''] \quad .$$

En vertu de la dernière formule (5.2.1), un tel homomorphisme définit un élément de $\mathrm{Ext}^{1}(L_{\cdot}^{X}, A)$, donc un élément du second membre de (5.3.1). Comme par hypothèse (5.3.1) est isomorphisme, on voit qu'il existe un X' de $\underline{E}$ majorant X tel que le composé

$$L_{\cdot}^{X'} \to L_{\cdot}^{X} \to [A' \to A'']$$

soit dans $\mathrm{Hom}^1_{K(\underline{C})}(L_{\cdot}^{X'}, A)$, ce qui prouve, toujours en vertu de (3.11.3), que l'élément envisagé du deuxième membre de (*) est dans l'image essentielle du second.

5.4.5. On a ainsi prouvé l'équivalence des conditions a), b) et c) de 5.4, et il reste seulement à prouver la dernière assertion de 5.4 concernant la compatibilité des deux opérateurs ∂ relatifs à une suite exacte $0 \to A \to A' \to A'' \to 0$. Choisissons un objet quelconque X de $\underline{E}$. Comme E^o est représentable par $\Omega_{\underline{E}} = H_o(L_{\cdot}^X)$, la donnée d'un élément de $E^o(A'')$ équivaut à la donné d'un homomorphisme $u^1 : L_o^X \to A''$ tel que $u^1 d_X = 0$, i.e. rendant commutatif le diagramme

$$\begin{array}{ccc} L_1^X & \longrightarrow & L_o^X \\ \downarrow & & \downarrow \\ A' & \longrightarrow & A'' \end{array} .$$

D'autre part, on voit aussitôt sur les définitions de (2.5.1) et de (3.11.3) que l'objet (θ_A, α) de $\hat{\underline{E}}([A' \to A'']) \simeq \underline{E}(A)$ de classe $\partial(\alpha)$ défini par α n'est autre que l'objet associé dans 3.11. au diagramme commutatif précédent. Mais c'est un point standard d'algèbre homologique, que nous supposons connu, que l'élément du $\mathrm{Ext}^1(L_{\cdot}^X, A)$ défini par ce même diagramme n'est autre que l'image de α par $\partial : \mathrm{Ext}^o(L_{\cdot}^X, A'') \to \mathrm{Ext}^1(L_{\cdot}^X, A)$. (A moins qu'on n'ait de la malchance et que ce soit l'opposé ? !). Cela prouve la compatibilité annoncée (resp. la compatibilité opposée), et achève la démonstration de 5.4 (resp. de son contraire).

5.4.6. Pour les applications de 5.4, il semble que ce soit (outre la compatibilité pour les opérateurs cobord) l'implication a) $\Rightarrow$ b) qui est la plus utile. C'est pourquoi nous allons indiquer une démonstration directe de cette implication, utilisant la compatibilité en question.

Posons

$$E'^i(B) = \varinjlim_X \mathrm{Ext}^i(L_{\cdot}^X, B) \quad ,$$

de sorte que nous avons un homomorphisme de foncteurs cohomologiques tronqués

$$f = (f^o, f^1) : (E^o, E^1, \partial) \to (E'^o, E'^1, \partial) \quad ,$$

ayant les vertus suivantes : f^o est un isomorphisme, f^1 est un monomorphisme, enfin E'^1/E^1 est effaçable. En effet, un élément de $E'^1(B)$ est donné par un homomorphisme de degré 1 dans $K^{\cdot}(\underline{C})$

$$L_{\cdot}^X \to C^{\cdot}(B) \quad ,$$

où $C^{\cdot}(B)$ est une résolution de B, et on voit alors tout de suite que son image dans $E'^{1}(C^{o})$ est dans l'image de $E^{1}(C^{o})$ (savoir, provient de l'élément de $E^{1}(C^{o})$ défini par $L_{1}^{X} \to C^{o}$). Or on voit que les conditions que nous venons d'énumérer pour f impliquent formellement que f est un isomorphisme. Pour voir que $f^{1}(B) : E^{1}(B) \to E'^{1}(B)$ est surjectif, i.e. que tout élément de $E'^{1}(B)$ appartient à l'image de $E^{1}(B)$, on choisit un monomorphisme $B \to C$ tel que l'image de x dans $E'^{1}(C)$ est dans l'image de $E^{1}(C)$, et on va à la chasse dans l'homomorphisme de suites exactes

$$\begin{array}{ccccccccc} E^{o}(C) & \to & E^{o}(C/B) & \to & E^{1}(B) & \to & E^{1}(C) & \to & E^{1}(C/B) \\ \downarrow\wr & & \downarrow\wr & & \downarrow & & \downarrow & & \downarrow \\ E'^{o}(C) & \to & E'^{o}(C/B) & \to & E'^{1}(B) & \to & E'^{1}(C) & \to & E'^{1}(C/B) \end{array} ,$$

ce qui donne le résultat voulu.

Corollaire 5.5. Supposons que la catégorie cofibrée $\underline{E}$ est exacte à gauche et qu'elle admet un procomplexe typique. Alors pour tout complexe de cochaînes $K^{\cdot}$ de $\underline{C}$, l'homomorphisme canonique fonctoriel déduit de (3.11.4) :

$$(5.5.1) \qquad \hat{E}^{1}(K^{\cdot}) \longrightarrow \varinjlim_{X} . \operatorname{Ext}^{1}(L_{\cdot}^{X}, K^{\cdot})$$

est un isomorphisme. Compte tenu de cet isomorphisme et de l'isomorphisme 3.11.5 , pour toute suite exacte $0 \to K^{\cdot} \to K'^{\cdot} \to K''^{\cdot} \to 0$ de complexes de cochaînes, l'homomorphisme cobord

$$\partial : \hat{E}^{o}(K''^{\cdot}) \longrightarrow \hat{E}^{1}(K^{\cdot})$$

défini dans 2.5 (grâce au fait que $\hat{\underline{E}}$ sur Coch($\underline{C}$) est exact à gauche en vertu de 2.7) coïncide avec l'homomorphisme déduit par passage à la limite des homomorphismes cobord habituels $\operatorname{Ext}^{o}(L_{\cdot}^{X}, K''^{\cdot}) \to \operatorname{Ext}^{1}(L_{\cdot}^{X}, K^{\cdot})$.

La première assertion résulte aussitôt de la validité de la condition c) de 5.4, en utilisant le raisonnement de 5.4.3. Pour la deuxième, on procède encore comme dans 5.4.5.

Corollaire 5.6.. Supposons que la catégorie cofibrée $\underline{E}$ est exacte à gauche et qu'elle admet un procomplexe typique. Alors le foncteur canonique $\underline{E}_{s} \to \underline{\operatorname{Ex}}(\Omega_{\underline{E}})$ envisagé dans 4.3, de la sous-catégorie cofibrée strictement pleine $\underline{E}_{s}$ de $\underline{E}$ formée des objets à homomorphisme caractéristique nul, dans la catégorie cofibrée des extensions de $\Omega_{\underline{E}}$ par des objets de $\underline{C}$, est une équivalence de catégories.

C'est une conséquence facile de la condition b) de 5.4, compte tenu que le foncteur envisagé est compatible avec les structures $\otimes$ sur les deux membres Nous laissons la vérification au lecteur.

Corollaire 5.7. Supposons la catégorie cofibrée $\underline{E}$ sur $\underline{C}$ exacte à gauche (et qu'elle admette un procomplexe typique). Alors les conditions suivantes sont équivalentes :

a) $N_{\underline{E}} = 0$.

b) Tout objet de E est quasi-maximal (4.4).

c) $\underline{E}$ est $\underline{C}$-équivalente à la catégorie cofibrée $\underline{Ex}(\Omega)$ des extensions d'un objet fixe Ω de $\underline{C}$ par des objets de $\underline{C}$.

Cela résulte aussitôt de 4.4. et 5.6. Notons d'ailleurs qu'une catégorie de la forme $\underline{Ex}(\Omega)$ est automatiquement exacte à gauche et admet le complexe typique Ω, comme on le vérifie facilement. De plus, l'objet Ω dont il est question dans c) est déterminé à isomorphisme unique près, étant canoniquement isomorphe à $\Omega_{\underline{E}}$.

Corollaire 5.8. Soit $\underline{E}$ une catégorie cofibrée additive sur $\underline{C}$, telle que le foncteur E^{o} soit représentable par un objet $\Omega_{\underline{E}}$ de $\underline{C}$ (ce qui est le cas si $\underline{E}$ admet un procomplexe typique). Alors les conditions suivantes sont équivalentes :

a) $\Omega_{\underline{E}} = 0$, i.e. $E^{o} = 0$.

b) Les catégories fibres $\underline{E}(A)$ ($A \in Ob(\underline{C})$) sont discrètes.

c) Le foncteur $\underline{E} \to \underline{C}$ est fidèle.

Si $\underline{E}$ est exact à gauche et admet un complexe typique, alors les conditions a) à c) équivalent encore à celle-ci :

d) $\underline{E}$ est $\underline{C}$-équivalente à la catégorie cofibrée à fibres discrètes définie par un foncteur représentable $A \mapsto Hom(N,A)$: $\underline{C} \to (Ens)$.

L'équivalence de b) et c) est vraie pour toute catégorie fibrée ou cofibrée à fibres des groupoides (i.e. dont toute flèche est cartésienne), celle de a) et b) résulte aussitôt des définitions et de 1.5 b), enfin l'équivalence de ces conditions avec d) dans le cas précisé résulte aussitôt de 5.4 a) $\Rightarrow$ b).

Notons d'ailleurs que pour tout objet N de $\underline{C}$, la catégorie cofibrée à fibres discrètes sur $\underline{C}$ définie par le foncteur $A \mapsto Hom(N,A)$: $C \to (Ens)$ est bien exacte à gauche et admet le complexe typique $N[1]$, comme on le vérifie facilement. De plus, l'objet N dont il est question dans d) est déterminé à isomorphisme unique près par $\underline{E}$, étant canoniquement isomorphe à $N_{\underline{E}}$.

5.9. Supposons que $\underline{E}$ sur $\underline{C}$ est exacte à gauche et qu'elle admette un complexe typique, et supposons enfin que $\Omega_{\underline{E}} = 0$ (cf. 5.8). On exprimera parfois ce dernier fait en disant que la catégorie cofibrée $\underline{E}$ sur $\underline{C}$ est <u>nette</u>. Soit alors X un objet de $\underline{E}$ au-dessus d'un objet A de $\underline{C}$, de sorte que X est défini (a isophisme unique près) par son homomorphisme caractéristique

(5.9.1) $$\chi : N_{\underline{E}} = N \longrightarrow A \quad .$$

En vertu de la suite exacte (4.3.1) et de la relation $\Omega_{\underline{E}} = 0$, on voit que l'on a un isomorphisme canonique :

(5.9.2) $$\Omega_X \simeq \operatorname{Coker} \chi \quad ,$$

donc que cet homomorphisme caractéristique est un épimorphisme si et seulement si $\Omega_X = 0$. On dira dans ce cas que l'objet X est un objet <u>net</u> de $\underline{E}$. La sous-catégorie pleine $\underline{E}_{net}$ de $\underline{E}$ formée des objets nets est une sous-catégorie <u>ordonnée</u> (i.e. pour deux objets il y a au plus une flèche de l'un dans l'autre), ayant un plus grand élément : l'objet Z de E(N) dont l'homomorphisme caractéristique est id_N . C'est aussi (a isomorphisme près) le seul objet de $\underline{E}$ à la fois quasi-maximal et net, et il est même maximal. La catégorie $\underline{E}_{net}$ est aussi la catégorie associée à l'ensemble ordonné des objets quotients de $N = N_{\underline{E}}$, lequel s'identifie à l'ensemble ordonné associé à l'ensemble préordonné $\overline{\mathrm{Ob}}(\underline{E}_{net})$ (pour la relation de préordre habituelle).

5.10. On laisse au lecteur le soin d'énoncer les variantes de 5.8. et 5.9. lorsqu'on y remplace l'hypothèse d'existence d'un complexe typique pour $\underline{E}$ par la seule existence d'un pro-complexe typique : dans la condition 5.8 d) il y a lieu de remplacer le mot "représentable" par "proreprésentable" (ou encore "strictement proreprésentable"), et dans 5.9. il faut omettre l'assertion de l'existence d'un plus grand élément dans $\mathrm{Ob}(\underline{E}_{net})$: ce dernier existe si et seulement si $\underline{E}$ admet un objet quasi-maximal, i.e. s'il admet un complexe typique (comme postulé dans 5.9).

5.11. Supposons que la catégorie cofibrée $\underline{E}$ soit exacte à gauche et admette un complexe typique $L^{\underline{E}}$. D'après la théorie de structure connue [16] des complexes n'ayant que deux objets de cohomologie au plus non nuls, on sait que le complexe typique $L^{\underline{E}}$ est connu, à isomorphisme (non unique !) près dans la catégorie dérivée $D(\underline{C})$, par la connaissance de ses objets de cohomologie

$$\Omega_{\underline{E}} \ , \ N_{\underline{E}} \ ,$$

et d'une classe canonique

(5.11.1) $$\alpha_{\underline{E}} \in \mathrm{Ext}^2(\Omega_{\underline{E}} \ , N_{\underline{E}}) \ .$$

En vertu de 5.4, ces données permettent donc de reconstituer le ∂-foncteur tronqué (E^o,E^1, ∂), et comme nous verrons plus bas (6.10), elles permettent même de récupérer $\underline{E}$ elle-même à $\underline{C}$-équivalence près. D'après la théorie générale de loc. cit. , la classe $\alpha_{\underline{E}}$ est nulle si et seulement si $L^{\underline{E}}$ est isomorphe dans $D(\underline{C})$ au complexe

(5.11.2) $$[N_{\underline{E}} \xrightarrow{0} \Omega_{\underline{E}}] \ .$$

On peut préciser ce point de la façon suivante. Utilisant la suite exacte infinie reliant les $\mathrm{Ext}^i(L.,A)$, $\mathrm{Ext}^i(\Omega,A)$ et $\mathrm{Ext}^i(N,A)$, on trouve que $\alpha_{\underline{E}}$ est aussi l'obstruction à l'existence d'un objet de $\underline{E}(N)$ dont l'homomorphisme caractéristique soit égal à $id_N : N \to N$. D'autre part, on constate aussitôt que pour un tel objet X, le complexe typique est isomorphe (dans $C(\underline{C})$!) à (5.11.2).

6. Catégories cofibrées définies par des complexes de chaînes, et théorèmes de représentabilité

6.1. Lorsque $\underline{E}$ est une catégorie cofibrée additive sur $\underline{C}$ admettant un procomplexe typique $L^{\underline{E}}$, proobjet de $K(\underline{C})$, nous avons vu dans (3.8.3) et (3.8.4) comment la connaissance de ce dernier permet de reconstituer les deux foncteurs E^o et E^1. Dans le cas où $\underline{E}$ est de plus exacte à gauche, en vertu de 5.4 il suffit même de connaître $L^{\underline{E}}$ en tant que proobjet de $D(\underline{C})$, grâce aux isomorphismes(5.3.1) et (5.3.2), et on en conclut la connaissance du foncteur cohomologique (E^o,E^1,∂) à isomorphisme près. Mais on voit sur des exemples que même lorsque $\underline{E}$ admet un objet maximal (3.10), de sorte que $L^{\underline{E}}$ s'identifie à un objet ordinaire de $K(\underline{C})$, la connaissance du foncteur cohomologique précédent n'implique pas celle du complexe $L^{\underline{E}}$ à un isomorphisme unique près dans $D(\underline{C})$. Cela provient du fait qu'en général, si $\underline{C}$ est une catégorie abélienne , le foncteur qui à tout complexe de chaînes L. de longueur 1 (i.e. avec $L_i = 0$ pour $i \neq 0,1$) associe le foncteur cohomologique correspondant $(\mathrm{Ext}^i(L. , -))$ sur $\underline{C}$, n'est pas nécessairement pleinement fidèle, ni même fidèle. Il est cependant possible de donner une caractérisation axiomatique, à isomorphisme unique près, de $L^{\underline{E}}$ en tant qu'objet de $K(\underline{C})$ resp. de $D(\underline{C})$, en précisant les résultats 3.8 et 5.4 de façon à obtenir une description de la catégorie cofibrée $\underline{E}$, à $\underline{C}$-équivalence près, en termes dudit objet $L^{\underline{E}}$. C'est là le but du présent numéro.

Dans la suite, $\underline{C}$ désigne une catégorie additive, qu'on supposera abélienne le moment venu.

6.2. <u>Définition d'une catégorie fibrée additive</u> $\underline{\Phi}$ <u>sur</u> Coch($\underline{Ab}$) .

Par $\underline{Ab}$ nous désignons la catégorie des groupes abéliens, éléments d'un univers fixé $\mathcal{U}$. Nous définissons $\underline{\Phi}$ comme une catégorie cofibrée scindée (SGA 1 VI 9) associée à un foncteur covariant

(6.2.1)
$$\underline{\Phi} : \mathrm{Coch}(\underline{Ab}) \longrightarrow (\mathrm{Cat})$$

défini de la façon suivante. Si $K^{\cdot}$ est un complexe de cochaînes de groupes abéliens, $\underline{\Phi}(K^{\cdot})$ est la catégorie dont l'ensemble des objets est donné par

(6.2.2)
$$\mathrm{Ob}\,\underline{\Phi}(K^{\cdot}) = Z^1(K^{\cdot}) \quad ,$$

l'ensemble des flèches de z dans z' ($z,z' \in Z^1(K^{\cdot})$) étant donné par

(6.2.3)
$$\mathrm{Hom}(z,z') = \left\{ u \in K^o \,\middle|\, du = z'-z \right\} \quad .$$

La composition des homomorphismes se fait de façon évidente par l'addition dans K^o . On obtient bien ainsi une catégorie, dépendant fonctoriellement de $K^{\cdot}$ de façon évidente, d'où une catégorie cofibrée scindée $\underline{\Phi}$. On vérifie immédiatement que si $K^{\cdot}$, $K'^{\cdot} \in \mathrm{Coch}(\underline{Ab})$, alors le foncteur ci-dessous est un <u>isomorphisme</u> de catégories :

(6.2.4)
$$\underline{\Phi}(K^{\cdot} \times K'^{\cdot}) \longrightarrow \underline{\Phi}(K^{\cdot}) \times \underline{\Phi}(K'^{\cdot}) \quad .$$

Il en résulte en particulier que la catégorie cofibrée $\underline{\Phi}$ est <u>additive</u>, et par suite les catégories fibres $\underline{\Phi}(K^{\cdot}) = \underline{\Phi}(K^{\cdot})$ sont munies des structures supplémentaires explicitées dans 1.4. Ici on a même mieux, grâce au scindage et au fait que (6.2.4) est un isomorphisme, et non une équivalence seulement : le bifoncteur $\otimes$ sur $\underline{\Phi}(K^{\cdot})$ est déterminé canoniquement (pas seulement à isomorphisme près) et il satisfait aux "vraies" relations d'associativité, commutativité, unitarité et d'existence d'inverses (et non seulement à isomorphisme près comme dans (1.4.2) et (1.4.4)). Notons les isomorphismes canoniques

$$\underline{\mathbb{Q}}^{\,o}(K^{\cdot}) \simeq H^{o}(K^{\cdot}) \quad , \underline{\mathbb{Q}}^{\,1}(K^{\cdot}) \simeq H^{1}(K^{\cdot}) \quad . \tag{6.2.5}$$

On vérifie facilement que la catégorie cofibrée $\underline{\mathbb{Q}}$ est non seulement additive, mais encore exacte à gauche. L'opérateur cobord correspondant $\underline{\mathbb{Q}}^{o}(K''^{\cdot}) \to \underline{\mathbb{Q}}^{1}(K^{\cdot})$, relatif à une suite exacte $0 \to K^{\cdot} \to K'^{\cdot} \to K''^{\cdot} \to 0$ dans Coch(Ab), n'est autre via les identifications (6.2.5) que l'homomorphisme cobord habituel $H^{o}(K''^{\cdot}) \to H^{1}(K^{\cdot})$.

En fait, pour pourvoir conclure que

$$\underline{\mathbb{Q}}\,(K^{\cdot}) \to \hat{\underline{\mathbb{Q}}}([K'^{\cdot} \to K''^{\cdot}])$$

est une équivalence de catégories, pour une suite $K^{\cdot} \to K'^{\cdot} \to K''^{\cdot}$ d'homomorphismes de complexes de cochaînes de composé nul, il n'est pas nécessaire que ceux-ci s'insèrent dans une suite exacte courte. Il suffit qu'on ait exactitude pour les suites

$$0 \to K^{o} \to K'^{o} \to K''^{o} \to 0 \quad , \quad 0 \to K^{1} \to K'^{1} \to K''^{1} \quad \text{et} \quad 0 \to K^{2} \to K'^{2} \quad .$$

Cela se prouve en effet par la démonstration qui établit l'exactitude à gauche de $\underline{\mathbb{Q}}$.

6.3. Catégorie cofibrée additive $\underline{\mathbb{Q}}_{L.}$ associé à un complexe de chaînes L. dans $\underline{C}$.

Soit L. un complexe de chaines de $\underline{C}$, d'où un foncteur

$$K^{\cdot} \mapsto \mathrm{Hom}^{\cdot}(L.,K^{\cdot}) \; : \; \mathrm{Coch}(\underline{C}) \to \mathrm{Coch}(\underline{Ab}) \quad , \tag{6.3.1}$$

en supposant par la suite que l'univers $\mathcal{U}$ a été choisi assez grand pour que $\underline{C}$ soit une $\mathcal{U}$-catégorie (i.e. pour deux objets A,B de $\underline{C}$, Hom(A,B) est isomorphe à un ensemble élément de $\mathcal{U}$). Composant avec le foncteur (6.2.1) on trouve un foncteur

$$K^{\cdot} \mapsto \underline{\mathbb{Q}}(\mathrm{Hom}^{\cdot}(L.,K^{\cdot})) \; : \quad \mathrm{Coch}(\underline{C}) \to (\mathrm{Cat}) \quad , \tag{6.3.2}$$

d'où une catégorie cofibrée scindée sur Coch ($\underline{C}$), que nous noterons $\hat{\underline{\mathbb{Q}}}_{L.}$:

$$\hat{\underline{\mathbb{Q}}}_{L.}(K^{\cdot}) = \underline{\mathbb{Q}}\,(\mathrm{Hom}^{\cdot}(L.,K^{\cdot})) \quad . \tag{6.3.3}$$

L'isomorphisme (6.2.4) implique évidemment un isomorphisme

(6.3.4) $$\hat{\underline{\underline{Q}}}_{L.}(K^{\cdot}\times K'^{\cdot}) \xrightarrow{\approx} \hat{\underline{\underline{Q}}}_{L.}(K^{\cdot})\times \hat{\underline{\underline{Q}}}_{L.}(K'^{\cdot}) \quad ,$$

qui implique à fortiori que $\hat{\underline{\underline{Q}}}_{L.}$ est encore une <u>catégorie cofibrée additive</u> (avec les précisions supplémentaires déjà signalées dans 6.2).

On fera attention que si $\underline{C}$ est abélienne, cette catégorie cofibrée $\underline{\underline{Q}}_{L.}$, ni même sa restriction à $\underline{C}$, n'est en général exacte à gauche. Elle l'est cependant si on suppose que le foncteur $K^{\cdot} \rightsquigarrow \mathrm{Hom}^{\cdot}(L.,K^{\cdot})$ est exact (compte tenu du fait que $\hat{\underline{\underline{Q}}}$ est exacte à gauche), ce qui signifie aussi que les composantes de L. sont des objets projectifs de $\underline{C}$. En fait il suffit même, pour que $\hat{\underline{\underline{Q}}}_{L.}$ soit exacte à gauche, que L_o soit projectif, comme on voit en utilisant la dernière observation faite dans 6.2. Enfin, on voit de même que sans hypothèse sur L. , si on a une suite exacte $0 \to K^{\cdot} \to K'^{\cdot} \to K''^{\cdot} \to 0$ scindée en chaque degré, alors la suite transformée par $\mathrm{Hom}^{\cdot}(L. , -)$ est encore exacte, d'où résulte que le foncteur

$$\hat{\underline{\underline{Q}}}_{L.}(K^{\cdot}) \longrightarrow \hat{\underline{\underline{Q}}}_{L.}([K'^{\cdot} \longrightarrow K''^{\cdot}])$$

est une équivalence de catégories.

Signalons aussi que la catégorie cofibrée $\hat{\underline{\underline{Q}}}_{L.}$ est Coch($\underline{C}$)-équivalente à l'extension canonique de sa restriction $\hat{\underline{\underline{Q}}}_{L.}$ à $\underline{C}$, ce qui montre que la notation utilisée est raisonnable.

Notons qu'à isomorphisme près, le foncteur (6.3.1), et par suite la catégorie cofibrée $\hat{\underline{\underline{Q}}}_{L.}$, ne change pas si on tronque L. , en remplaçant les L_i pour $i \geq 2$ par 0, et L_1 par $\mathrm{Coker}(L_2 \to L_1)$. Par suite pour l'étude des catégories cofibrées de la forme $\underline{\underline{Q}}_{L.}$, on peut supposer que $L_i = 0$ pour $i \geq 2$, ce que nous supposerons désormais.

Notons que si dans $\underline{C}$ les conoyaux existent, alors pour tout objet X de $\underline{\underline{Q}}_{L.}$, au-dessus d'un objet A de $\underline{C}$, défini donc par un homomorphisme

$$X : L_1 \longrightarrow A \quad ,$$

le foncteur D_X de 3.1 est représentable par la somme amalgamée

(6.3.5) $$\Omega_X = A \amalg_{L_1} L_o \quad ,$$

s'insérant dans le carré cocartésien

(6.3.5)

$$\begin{array}{ccc} L_1 & \longrightarrow & L_o \\ \downarrow & & \downarrow \\ A & \longrightarrow & \Omega_X \end{array} \quad .$$

Dans ce dernier, la flèche $A \to \Omega_X$ n'est autre que celle envisagée dans 3.1 , et qui donne naissance au complexe typique $L.^X$:

$$L.^X = [A \to \Omega_X] \ .$$

D'autre part, il est évident que $\underline{\underline{Q}}_{L.}$ admet un élément maximal (3.10), savoir l'objet au-dessus de L_o défini par l'homomorphisme cobord $-d : L_1 \to L_o$ de $L.[-1]$.

6.4. Application à la structure de $\underline{E}_X$.

Revenons alors aux conditions de 3.5, $\underline{E}$ étant maintenant une catégorie cofibrée additive donnée sur $\underline{C}$, X un objet de $\underline{E}$ tel que le complexe typique $L.^X$ existe. Alors il est immédiat que les réflexions de 3.5 fournissent en fait un foncteur cocartésien canonique

(6.4.1) $$\underline{\underline{Q}}_{L.^X} \longrightarrow \underline{E}_X \quad ,$$

qui est une équivalence de catégories cofibrées.

En particulier, si X est un objet maximal de $\underline{E}$, de sorte que $\underline{E} = \underline{E}_X$, on trouve ainsi la structure de $\underline{E}$, à $\underline{C}$-équivalence près, en termes du complexe $L.^X = L.^{\underline{E}}$ (qu'il suffit d'ailleurs de connaître en tant qu'objet de $K(\underline{C})$, cf. 6.6). On voit ainsi, compte tenu des résultats de 6.3, qu'on a :

Proposition 6.5. Soit $\underline{E}$ une catégorie cofibrée sur la catégorie additive $\underline{C}$ où les conoyaux existent. Pour que $\underline{E}$ soit $\underline{C}$-équivalente à une catégorie cofibrée de la forme $\underline{\underline{Q}}_{L.}$ pour un complexe de chaînes convenable L. sur $\underline{C}$, il faut et il suffit que $\underline{E}$ soit additive, admette un objet maximal, et que pour tout objet X de $\underline{E}$ le complexe typique $L.^X$ soit défini, i.e. le foncteur D_X de 3.1 soit représentable ; il suffit même d'exiger cette condition pour un objet maximal X de $\underline{E}$.

En fait, nous verrons plus bas que L. est déterminé en termes de $\underline{E}$ à isomorphisme unique près dans $K(\underline{C})$, lorsqu'on exige (ce qui est loisible) qu'on ait $L_i=0$ pour $i \geq 2$.

6.6. **Effet d'une homotopie entre homomorphismes de complexes.**

Notons d'abord que les deux membres du foncteur (6.2.1) sont des 2-catégories [8] [11] et non seulement des catégories : c'est bien connu pour (Cat), et sans doute aussi pour Coch(Ab) : plus généralement, pour toute catégorie abélienne $\underline{A}$, la catégorie C($\underline{A}$) des complexes de $\underline{A}$ peut être considérée comme une 2-catégories, dans laquelle les objets (ou 0-flêches) sont les complexes, les 1-flèches sont les homomorphismes de complexes, et les 2-flèches sont les homotopies entre homomorphismes de complexes. Il y a lieu alors de préciser la donnée du foncteur (6.2.1) en une donnée de 2-foncteur entre 2-catégories [11] . Sa valeur sur les objets et les 1-flêches étant déjà définie, il reste à définir sa valeur sur les 2-flêches. Soient donc

$$u,v : K^{\cdot} \rightrightarrows K'^{\cdot}$$

deux homomorphismes de complexes de cochaînes dans $\underline{Ab}$, et soit

$$h: u \sim v$$

une homotopie de u à v, i.e. un homomorphisme de degré -1 d'objets gradués, tel que

(*) $$v - u = d_{K'}h + h\, d_K \quad .$$

On va alors définir un isomorphisme entre foncteurs $\Phi(K^{\cdot}) \longrightarrow \Phi(K'^{\cdot})$:

(6.6.1) $$\Phi(h) : \Phi(u) \xrightarrow{\sim} \Phi(v) \quad .$$

Soit donc z un objet de $\Phi(K^{\cdot})$, i.e. un 1-cocycle de $K^{\cdot}$, de sorte que $d\,z = 0$. La relation (*) appliquée à z donne donc

$$v(z) - u(z) = d\, h(z) \quad ,$$

qui signifie donc que h(z) définit un homomorphisme de $u(z) = \Phi(u)(z)$ dans $v(z) = \Phi(v)(z)$. On vérifie immédiatement que ce dernier est fonctoriel en z, ce qui définit l'isomorphisme (6.6.1). On laisse également au lecteur de vérifier que les fonctions ainsi définies sur objets, 1-flêches et 2-flêches satisfont aux conditions, bien connues de tous, qui expriment qu'on a bien un 2-foncteur.

Revenant alors à une catégorie additive $\underline{C}$ munie d'un complexe de chaînes L., le foncteur (6.3.1) provient également d'un 2-foncteur, donc il en est de même du composé (6.3.2). Comme conséquence, nous voyons que si on a une homotopie

$$h: u \sim v$$

entre deux homomorphismes de complexes de cochaînes de $\underline{C}$, u,v: $K^{\cdot} \rightrightarrows K'^{\cdot}$, alors on en conclut un isomorphisme canonique entre les foncteurs correspondants $\hat{\underline{\underline{\Phi}}}_{L.}(u)$, $\hat{\underline{\underline{\Phi}}}_{L.}(v)$: $\underline{\underline{Q}}_{L.}(K^{\cdot}) \rightrightarrows \underline{\underline{Q}}_{L.}(K'^{\cdot})$. Ce n'est d'ailleurs là qu'un cas particulier de 1.9, moyennant une vérification de compatibilité laissée au lecteur infatigable.

Plus intéressante pour nous est la conséquence qu'on tire des réflexions précédentes pour le comportement de la catégorie cofibrée $\underline{\underline{Q}}_{L.}$ <u>en fonction de</u> L. . Tout d'abord, comme le foncteur (6.3.2) est fonctoriel en L. (de façon contravariante), il en résulte aussitôt que la catégorie cofibrée $\underline{\underline{Q}}_{L.}$ dépend fonctoriellement de L., i.e. la donnée d'un homomorphisme de complexes de chaines

$$f: L! \longrightarrow L.$$

définit un foncteur de catégories coscindées sur Coch($\underline{C}$)

$$\underline{\underline{Q}}_f : \underline{\underline{Q}}_{L.} \longrightarrow \underline{\underline{Q}}_{L!} \quad ,$$

avec les propriétés évidentes de transitivité (stricte, pas seulement à isomorphisme près). Mais on a mieux : si on a deux homomorphismes de complexes de chaînes

$$f,g : L! \rightrightarrows L.$$

et une homotopie

$$h: f \sim g$$

de l'un à l'autre, on en déduit un isomorphisme de C-foncteurs

$$\underline{\underline{Q}}_h : \underline{\underline{Q}}_f \longrightarrow \underline{\underline{Q}}_g \quad ,$$

qui fibre par fibre est déduit, comme il est dit au début de la section, de l'homotopie déduite de h entre les deux homomorphismes de complexes $\mathrm{Hom}^{\cdot}(L.,K^{\cdot}) \longrightarrow \mathrm{Hom}^{\cdot}(L!,K^{\cdot})$ définis par f et g respectivement.

On peut dire, de façon plus savante et plus complète, que

(6.6.2) $$L. \longmapsto \underline{\mathcal{Q}}_{L.}$$

est un 2-foncteur, de la 2-catégorie opposée à la 2-catégorie Ch($\underline{C}$), dans la 2-catégorie des catégories cofibrées sur $\underline{C}$ (dont les 1-flèches sont les foncteurs cocartésiens de telles catégories, et les 2-flèches les $\underline{C}$-homomorphismes entre tels foncteurs), Ce 2-foncteur se définit via le 2-foncteur

(6.6.3) $$L. \longmapsto \underline{\mathcal{Q}}_{L.}$$

de la catégorie opposée de Ch($\underline{C}$) dans la 2-catégorie des foncteurs de Coch($\underline{C}$) dans (Cat), obtenu en composant les deux 2-foncteurs naturels

$$\mathrm{Ch}(\underline{C})^{o} \xrightarrow{L. \longmapsto \mathrm{Hom}^{\cdot}(L.,-)} (\text{foncteurs de Coch}(\underline{C}) \text{ dans la 2-catégorie Coch}(\underline{Ab}))$$

$\downarrow$ composition avec le 2-foncteur $\underline{\mathcal{Q}} : \mathrm{Coch}(\underline{Ab}) \longrightarrow (\mathrm{Cat})$

(foncteurs de Coch($\underline{C}$) dans la 2-catégorie (Cat)).

En particulier, pour deux complexes de chaînes L. , L! de $\underline{C}$, de longueur 1, on trouve un foncteur canonique

(6.6.4) $$\underline{\mathcal{Q}}\,(\,\mathrm{Hom}^{\cdot}(L!,L.)\,[-1])\longrightarrow \underline{\mathrm{Hom}}_{\underline{C}}(\underline{\mathcal{Q}}_{L.}\ ,\ \underline{\mathcal{Q}}_{L!})\qquad ,$$

où le premier membre n'est qu'une autre façon d'écrire la catégorie des homomorphismes entre les objets L.' et L. de la 2-catégorie Ch($\underline{C}$), et le deuxième membre désigne la catégorie des $\underline{C}$-foncteurs cocartésiens de $\underline{\mathcal{Q}}_{L!}$ dans $\underline{\mathcal{Q}}_{L.}$.

6.6.5. Comme conséquence immédiate de ce qui précède, on trouve que si $f:L! \longrightarrow L.$ est un homotopisme (i.e. définit un ismorphisme dans K($\underline{C}$)), alors $\underline{\mathcal{Q}}_f : \underline{\mathcal{Q}}_{L!} \longrightarrow \underline{\mathcal{Q}}_{L.}$ est une $\underline{C}$-équivalence de catégories cofibrées. Par suite, à $\underline{C}$-équivalence près la catégorie cofibrée $\underline{\mathcal{Q}}_{L.}$ ne dépend que de la classe d'isomorphie de L. comme objet de K($\underline{C}$).

6.7. Catégories cofibrées associées à certains systèmes projectifs de complexes de chaînes.

La première idée que pourrait suggérer le titre de la section et le dernier résultat de la section précédente, c'est qu'à tout système projectif filtrant $(L.(i))_{i\in I}$ de complexes de chaines, considérés comme objets de $K(\underline{C})$, on puisse associer une catégorie cofibrée sur $\underline{C}$, qui serait une limite de catégories de la forme $\underline{\underline{\mathcal{Q}}}_{L.(i)}$, de façon que (3.8.3) puisse s'interpréter comme provenant d'une $\underline{C}$ équivalence de la catégorie cofibrée étudiée $\underline{E}$ avec la catégorie cofibrée associée au procomplexe typique $L^{E}_{\cdot}$ de $K(\underline{C})$. Cette idée s'avère cependant trop naïve, et il n'est pas possible en l'occurence de travailler avec des systèmes projectifs dans $K(\underline{C})$ seulement, il faut quelque chose d'un peu plus ~~subtil~~, faisant intervenir la 2-catégorie $C(\underline{C})$, dont $K(\underline{C})$ provient en prenant les "1-flèches à isomorphisme près" comme nouvelles 1-flèches.

Soit $\underline{I}$ une catégorie telle que la catégorie opposée $\underline{I}^{o}$ soit filtrante. Nous désignerons par $\underline{\underline{I}}$ la 2-catégorie déduite de $\underline{I}$ da la façon suivante : les objets sont ceux de $\underline{I}$, les 1-flèches sont les flèches de $\underline{I}$, enfin les 2-flèches sont définies en déclarant que la catégorie $\underline{Hom}(i,j)$, pour deux objets i,j de $\underline{\underline{I}}$, est la catégorie chaotique définie par l'ensemble $Hom(i,j)$, i.e. pour deux objets de $Hom(i,j)$ on convient qu'il y a exactement une 2-flèche de l'un à l'autre. Supposons donné d'autre part un 2-foncteur

(6.7.1) $$\wedge : \underline{\underline{I}} \longrightarrow Ch(\underline{C}) \quad .$$

Cela consiste donc en la donnée d'un foncteur ordinaire,

(6.7.2) $$\wedge_1 : \underline{I} \longrightarrow Ch(\underline{C}) \quad ,$$

plus la donnée, pour $i,j \in Ob(\underline{I})$ et pour deux objets $f,g \in Hom(i,j)$, d'une homotopie

(6.7.3) $$\wedge(f,g) : \quad \wedge_1(f) \sim \wedge_1(g)$$

entre les deux homomorphismes de complexes

$$\wedge_1(f),\ \wedge_1(g) : \quad \wedge_1(i) \rightrightarrows \wedge_1(j) \quad ,$$

ces homotopies (6.7.3) étant soumises à certaines conditions (transitivité etc) que nous ne réexplicitons pas. Si on munit donc $Ob(\underline{I})$ de sa structure de préordre habituelle ($i \geqslant j$ signifiant que $Hom(i,j) \neq \emptyset$), on voit que (6.7.1) induit un foncteur ordinaire

(6.7.4) $$cat(Ob(\underline{I})) \longrightarrow K(\underline{C})$$

en composant (6.7.2) et le foncteur canonique $Ch(\underline{C}) \longrightarrow K(\underline{C})$. Mais bien entendu la donnée de (6.7.1) est plus précise que celle du seul système projectif (6.7.4).

Ceci posé, nous allons définir une catégorie cofibrée additive

(6.7.5) $$\underline{\underline{Q}}_{\Lambda}$$

sur $\underline{C}$, en termes de Λ, qui pour $\underline{I}$ réduit à une catégorie ponctuelle, donc Λ défini par un complexe de chaînes L. , ne soit autre que $\underline{\underline{Q}}_{L.}$ à $\underline{C}$-isomorphisme près. Il sera défini canoniquement en termes du foncteur ordinaire sous-jacent au 2-foncteur

(6.7.6) $F : \underline{\underline{I}}^{o} \longrightarrow$ (2-catégorie des catégories cofibrées sur $\underline{C}$),

obtenu en composant Λ avec (6.6.2). Pour associer à un 2-foncteur (6.7.6) (transformant nécessairement 2-flèches quelconques en 2-flèches inversibles) une catégorie cofibrée $\underline{\Psi}$ sur $\underline{C}$, l'hypothèse que $\underline{C}$ soit additive ne servira d'ailleurs pas. Nous donnerons seulement le principe de la construction. Pour tout $i \in Ob(\underline{I})$, nous choisirons un co-clivage (SGA 1 VI 7.1) de la catégorie cofibrée F(i). On définit alors des catégories fibres $\Psi(A)$, $A \in Ob(\underline{C})$, par la formule

(6.7.7) $$\Psi(A) = \varinjlim_{i} F(i)(A),$$

où $\varinjlim$ à la signification explicitée dans SGA 4 VI 4 . Pour toute flèche $u: A \longrightarrow B$, le foncteur cochangement de base

$$u_{*} : \Psi(A) \longrightarrow \Psi(B)$$

se définit de façon évidente "par passage à la limite" à partir des foncteurs analogues $F(i)(A) \longrightarrow F(j)(B)$, et de même pour les isomorphismes de transitivité. On vérifie qu'on trouve bien ainsi un "pseudo-foncteur" sur $\underline{C}$ à valeur dans (Cat), permettant donc de définir la catégorie cofibrée cherchée.

Cette définition de $\Psi = \underline{\underline{Q}}_{\Lambda}$ ne dépend que du foncteur ordinaire sous-jacent au 2-foncteur (6.7.6), qui en l'occurence est défini déjà en termes du foncteur ordinaire (6.7.2). Le rôle joué par l'existence du 2-foncteur (6.7.6) (transformant 2-flèches quelconques en 2-flèches inversibles) peut s'expliciter de façon imagée en disant que la $\varinjlim$ figurant dans (6.7.7) peut s'interpréter à peu de choses près comme étant une limite prise sur l'ensemble préordonné $Ob(\underline{I}^o)$ associé à la catégorie $\underline{I}^o$, plutôt que sur $\underline{I}^o$ elle-même. Ce point peut se préciser ainsi. Pour deux objets X,Y de $\Psi(A)$, provenant donc d'objets X_i, Y_i d'un $F(i)(A)$ ($i \in Ob\ \underline{I}$), on peut définir un système inductif

$$(\mathrm{Hom}_A(X_j, Y_j))_{j \geqslant i}$$

sur l'ensemble préordonné opposé de l'ensemble des $j \in Ob(\underline{I})$ tels que $j \geqslant i$, en notant que pour tout $j \geqslant i$, il y a un système transitif d'isomorphismes entre les images inverses de X_i par les différents homomorphismes $j \to i$ (grâce précisément à la donnée du 2-foncteur (6.7.6)), permettant par suite de les identifier à un même objet X_j. Définissant de même Y_j, on constate que les $\mathrm{Hom}_A(X_j, Y_j)$ pour j variable forment bien un système inductif. Ceci posé, on trouve une bijection canonique

(6.7.8) $$\mathrm{Hom}_A(X,Y) \simeq \varinjlim_j \mathrm{Hom}_A(X_j, Y_j) \quad ,$$

où la limite inductive est prise sur l'ensemble préordonné précédent. Cela résulte facilement de la description de la catégorie $\varinjlim$ donnée dans SGA 4 VI 4, valable parce que $\underline{I}^o$ était supposée filtrante.

On conclut en particulier de cette expression le résultat suivant :

6.7.9. Supposons que les foncteurs de transition $F(i) \to F(j)$ ($j \geqslant i$) soient tous pleinement fidèles. Alors il en est de même des foncteurs canoniques

$$F(i) \to \Psi ,$$

et les images essentielles des F(i) dans Ψ forment une famille filtrante croissante de sous-catégories cofibrées strictement pleines de Ψ, de réunion Ψ. Dans le cas où F provient d'un 2-foncteur Λ comme ci-dessus, $\underline{C}$ étant abélienne, l'hypothèse de pleine fidélité équivaut d'ailleurs à la suivante : pour $i,j \in Ob(\underline{I})$, avec $j \geqslant i$, l'homomorphisme correspondant $\Lambda(j) \to \Lambda(i)$ dans $K(\underline{C})$ induit un isomorphisme pour les H_o, et un épimorphisme pour les H_1. Lorsque Λ satisfait à cette condition, on dira que Λ est un 2-foncteur admissible. Cette condition ne dépend d'ailleurs que du système projectif (6.7.4).

6.7.10. Il est immédiat, par passage à la limite sur la même assertion pour les $\underline{\underline{\Phi}}_{L.(i)}$, que la catégorie cofibrée $\underline{\underline{\Phi}}_{\wedge}$ est <u>additive</u>. Lorsque le 2-foncteur $\wedge$ est admissible, on voit de même que tout objet de $\underline{\underline{\Phi}}_{\wedge}$ admet un complexe typique ; lorsque X provient d'un objet X de F(i), le complexe typique de X dans $\underline{\underline{\Phi}}_{\wedge}$ est simplement défini comme l'image de son complexe typique dans $\underline{\underline{\Phi}}_{L.(i)}$.

6.8. <u>Structure des catégories cofibrées additives admettant un procomplexe typique</u>.

Si $\underline{E}$ est une telle catégorie cofibrée, on constate que la construction de 3.7. définit un 2-foncteur

(6.8.1) $$\wedge : \underline{\underline{E}} \longrightarrow Ch(\underline{C}) \quad ,$$

où $\underline{\underline{E}}$ est la 2-catégorie déduite de $\underline{E}$ par le procédé expliqué pour $\underline{I}$ dans 6.7. D'autre part, les réflexions de 3.8 donnent en fait un résultat plus précis que les isomorphismes(3.8.3) et (3.8.4), savoir une <u>équivalence de catégories cofibrées</u> sur $\underline{C}$:

(6.8.2) $$\underline{\underline{\Phi}}_{\wedge} \longrightarrow \underline{E} \quad .$$

Bien entendu, pour définir $\underline{\underline{\Phi}}_{\wedge}$, on peut remplacer $\wedge$ par sa restriction à une sous 2-catégorie $\underline{\underline{I}}$ de $\underline{\underline{E}}$, provenant d'une sous-catégorie $\underline{I}$ de $\underline{E}$ telle que $\underline{I}^{o}$ soit cofinale dans $\underline{E}^{o}$.

6.8.3. Lorsque la catégorie additive $\underline{C}$ est abélienne, on conclut de ceci et de 6.7 l'énoncé suivant : Pour que la catégorie cofibrée $\underline{E}$ sur la catégorie abélienne $\underline{C}$ soit $\underline{C}$-équivalence à une catégorie $\underline{\underline{\Phi}}_{\wedge}$, où $\wedge : \underline{I} \rightarrow Ch(\underline{C})$ est un 2-foncteur <u>admissible</u> (6.7.9), il faut et il suffit que $\underline{E}$ soit additive et admette un pro-complexe typique. Utilisant de plus 5.4 c), on trouve la condition pour que $\underline{E}$ soit de plus exacte à gauche, en termes du proobjet de $K(\underline{C})$ défini par (6.7.4), lequel proobjet est en effet canoniquement isomorphe au procomplexe typique de $\underline{E}$.

6.9. <u>Catégorie cofibrée exacte à gauche</u> $\Psi_{L.} = R^{o}\Phi_{L.}$ <u>définie par un complexe de</u> <u>chaînes</u> L. <u>dans</u> $\underline{C}$.

Nous supposerons encore L. de longueur 1 (cas auquel on peut toujours se ramener par tronquage). Bien entendu, dans cette section il y a lieu de supposer $\underline{C}$ abélienne, puisqu'il est question d'exactitude à gauche.

Nous voulons définir en termes de L. une catégorie cofibrée exacte à gauche $\underline{\Psi}_{L.}$ telle que le foncteur cohomologique tronqué associé soit donné par

$$\Psi^i = \mathrm{Ext}^i(L.,-) \quad , \quad i = 0, 1 \quad . \tag{6.9.1}$$

L'idée naturelle serait d'appliquer la construction de 6.7 au cas d'une catégorie $\underline{I}$ formée de complexes de chaines L! munis de quasi-isomorphismes

$$L! \longrightarrow L. \quad ,$$

et cofinale parmi ces derniers. Compte tenu de 6.8 , il est clair à postériori qu'une telle description doit être possible. Je n'ai pas été capable de trouver une description simple à priori d'une telle $\underline{I}$ et d'un 2-foncteur convenable $\underline{I} \longrightarrow Ch(\underline{C})$. Aussi suivrons nous une autre voie (*), en définissant $\underline{\Psi}_{L.}$ comme la catégorie cofibrée exacte à gauche associée (2.8) à la catégorie cofibrée additive $\underline{\mathbb{Q}}_{L.}$:

$$\underline{\Psi}_{L.} = R^0\, \underline{\mathbb{Q}}_{L.} \quad . \tag{6.9.2}$$

Reprenant la construction de 2.8 , en supposant pour simplifier qu'il y a assez d'injectifs dans la catégorie $\underline{C}$, on trouve que pour tout objet A de $\underline{C}$, la catégorie fibre $\underline{\Psi}_{L.}(A)$ peut se décrire ainsi : choisissant une immersion $A \longrightarrow C$ de A dans un injectif, d'où un complexe $C^{\cdot}(A) = [C \longrightarrow C/A]$, on a une équivalence de catégories canonique

$$\underline{\Psi}_{L.}(A) \xrightarrow{\sim} \mathbb{Q}\,(\mathrm{Hom}^{\cdot}(L.,C^{\cdot}(A))) \quad , \tag{6.9.3}$$

où $\mathbb{Q}$ a la signification explicitée dans 6.1. Une autre immersion $A \longrightarrow C'$ dans un injectif donne un autre complexe A-augmenté $C'^{\cdot}(A)$, d'où une équivalence

(*) Voir note de bas de page p. 164.

(6.9.3') $\Psi_{L.}(A) \xrightarrow{\approx} \Phi\,(\mathrm{Hom}^{\bullet}(L.,C'^{\bullet}(A))$;

comparant (6.9.3) et (6.9.3'), on obtient une équivalence entre les deuxièmes membres, qui n'est autre (à isomorphisme unique près) que l'équivalence entre ces catégories déduite, par la méthode de 6.6, d'un homomorphisme de complexes A-augmentés :

$$C^{\bullet}(A) \longrightarrow C'^{\bullet}(A) \quad ;$$

le fait important étant que pour deux tels homomorphismes, il existe une unique homotopie de l'un à l'autre, définissant un isomorphisme bien déterminé entre les foncteurs correspondants

(6.9.4) $\Phi\,(\mathrm{Hom}^{\bullet}(L.,C^{\bullet}(A)) \longrightarrow \Phi(\mathrm{Hom}^{\bullet}(L.,C'^{\bullet}(A))$.

On trouve donc un système transitif d'isomorphismes entre les équivalences de catégories (6.9.4) associées aux équivalences d'homotopie envisagées $C^{\bullet}(A) \longrightarrow C'^{\bullet}(A)$, ce qui permet sans danger d'identifier les deux membres de (6.9.4), et d'obtenir par la valeur commune une description invariante de $\Psi_{L.}(A)$. On procède de même pour définir le foncteur cochangement de base

(6.9.5) $\Psi_{L.}(A) \longrightarrow \Psi_{L.}(B)$

associé à un morphisme $A \longrightarrow B$ dans $\underline{C}$.

On sait (2.8) que la catégorie cofibrée $\Psi_{L.}$ ainsi construite est exacte à gauche. On vérifie aussi qu'elle admet un objet quasi-maximal, savoir l'objet de $\Psi_{L.}(L_1)$ image de l'objet maximal canonique de $\underline{\underline{Q}}_{L.}(L_1)$ défini dans 6.3 . Enfin, on vérifie, encore que ce soit un peu pénible, que les complexes typiques existent. Pour construire le complexe typique associé à un homomorphisme de degré 1 dans $K(\underline{C})$

$$X : L. \longrightarrow C^{\bullet}(A) \quad ,$$

on construit un quasi-isomorphisme $L.' \longrightarrow L.$ (avec $L.'$ complexe de chaines de longueur 1) et un homomorphisme dans $K(\underline{C})$

$$L_1' \longrightarrow A$$

donnant le même élément du $\mathrm{Ext}^1(L.,A)$ (cf. 5.2), et on construit Ω_X comme la somme amalgamée $A \amalg_{L_1'} L_0'$, comparer (6.3.5). J'avoue n'avoir pas écrit la vérification que ça représente bien le foncteur D_X de 3.1 (pas plus que la plupart des nobles affirmations du présent numéro) ; mais c'est vrai quand-même !

Soit maintenant $\underline{E}$ une catégorie cofibrée exacte à gauche sur $\underline{C}$, et soit X un objet de $\underline{E}$ tel que $L.^X$ soit défini, de sorte qu'on a un foncteur cocartésien canonique (6.4.1)

$$\underline{\Phi}_{L.^X} \longrightarrow \underline{E}_X \hookrightarrow \underline{E} \quad .$$

Comme $\underline{E}$ est exacte à gauche, il résulte de la propriété 2-universelle de $R^o\underline{\Phi}_{L.^X} = \underline{\Psi}_{L.^X}$ que ledit foncteur se prolonge, à isomorphisme près, en un foncteur cocartésien bien déterminé à isomorphisme unique près

(6.9.6) $$\underline{\Psi}_{L.^X} \longrightarrow \underline{E} \quad .$$

On vérifie alors que c'est un foncteur pleinement fidèle, dont l'image essentielle est formée des objets X' de $\underline{E}$, sur des objets A' de $\underline{C}$, tels qu'il existe un monomorphisme $u : A' \longrightarrow A''$ avec $u_*(X')$ majoré par X. En particulier, si X est un objet quasi-maximal de $\underline{E}$ (4.4), le foncteur (6.9.6) est une équivalence de catégories. On obtient ainsi :

Théorème 6.10. Soient $\underline{C}$ une catégorie abélienne, $\underline{E}$ une catégorie cofibrée sur $\underline{C}$. Pour que $\underline{E}$ soit $\underline{C}$-équivalente à une catégorie de la forme $\underline{\Psi}_{L.} = R^o\,\underline{\Phi}_{L.}$, où L. est un complexe de chaînes dans $\underline{C}$, il faut et il suffit qu'elle soit additive, exacte à gauche, qu'elle admette un objet quasi-maximal (condition c) ou c') de 4.4), et enfin que pour tout objet

X de $\underline{E}$ (ou simplement pour un objet quasi-maximal de $\underline{E}$), le complexe typique $L_{\bullet}^{X}$ existe.

Bien entendu, L. se récupère en termes de $\underline{E}$, du moins en tant qu'objet de la catégorie D($\underline{C}$), comme le complexe typique de $\underline{E}$ (cf. 4.4). Il reste à étudier la dépendance fonctorielle mutuelle entre $\underline{E}$ et L. . Pour ceci, revenons d'abord à l'étude des catégories $\Phi_{L.}$ et explicitons leur dépendance de L.. On trouve d'abord une variante du "lemme de Yoneda" pour les foncteurs à valeurs dans (Ens) décrivant les homomorphismes d'un foncteur représentable dans un foncteur quelconque (en observant que les pseudo-foncteurs $\underline{C} \longrightarrow$(Cat) associés aux catégories cofibrées de la forme $\Phi_{L.}$ constituent une généralisation naturelle de la notion de foncteur représentable additif) :

Théorème 6.11. Soient $\underline{C}$ une catégorie additive, L. un complexe de chaînes de longueur 1 de $\underline{C}$, $\underline{\Psi}$ une catégorie cofibrée additive sur $\underline{C}$. Alors on a une équivalence de catégories canonique

$$(6.11.1) \qquad \underline{\mathrm{Hom\ cocart}}\,(\Phi_{L.}\,,\underline{\Psi}) \xrightarrow{\approx} \underline{\Psi}\,(L.[-1]) \quad ,$$

obtenue en associant à tout objet F du premier membre l'objet F ($\xi_{L.}$) du second, où $\xi_{L.}$ est l'objet canonique de $\Phi_{L.}$(L.[-1]) (cf 3.12.1).

Pour prouver ce théorème, on paraphrase simplement la démonstration du "lemme de Yoneda", en définissant un foncteur naturel en sens inverse, et vérifiant que les deux composés sont isomorphes à l'identité. Nous laissons, suivant l'habitude, les détails au lecteur.

Corollaire 6.12. Le 2-foncteur L.$\longmapsto\Phi_{L.}$ (6.6.2) , de la 2-catégorie opposée de la 2-catégorie des complexes de chaînes de longueur 1, dans la 2-catégorie des catégories cofibrées sur C, est 2-fidèle, i.e. pour deux arguments L., L! du type indiqué, le foncteur canonique (6.6.4)

$$\Phi\,(\mathrm{Hom}^{\bullet}(L!,L.)[-1]) \longrightarrow \underline{\mathrm{Hom\ cocart}}_{\underline{C}}(\Phi_{L.},\Phi_{L!})$$

est une équivalence de catégories.

Nous avons vu d'autre part déjà dans 6.5, lorsque C admet des conoyaux, quelle est l'image essentielle du 2-foncteur envisagé dans 6.12.

Supposons maintenant dans 6.11. que $\underline{\Psi}$ soit exacte à gauche. Alors on sait (2.8) que le premier membre de (6.11.1) est canoniquement équivalent à la catégorie $\underline{\mathrm{Hom\ cocart}}_{\underline{C}}(R^{o}\Phi_{L.},\underline{\Psi})$. Prenant en particulier $\underline{\Psi}$ de la forme $\underline{\Psi}_{L!}$, on trouve :

Corollaire 6.13. Soient C une catégorie abélienne, L. et L! deux complexes de chaînes de longueur 1 dans C. Alors on trouve une équivalence de catégories canonique

(6.13.1) $$\underline{\mathrm{Hom\ cocart}}_{\underline{C}}(\underline{\Psi}_{L.},\underline{\Psi}_{L!}) \xrightarrow{\approx} \underline{\Psi}_{L!}(L.[-1]) \quad ,$$

en particulier l'ensemble des classes, à isomorphisme près, de foncteurs cocartésiens de $\underline{\Psi}_{L.}$ dans $\underline{\Psi}_{L!}$ est canoniquement isomorphe à $\mathrm{Hom}_{D(\underline{C})}(L!,L.)$, et le groupe des C-automorphismes d'un tel foncteur est canoniquement isomorphe à $\mathrm{Hom}^{-1}_{D(\underline{C})}(L!,L.) = \mathrm{Hom}(H_o(L!),H_1(L.))$.

On retrouve et précise ainsi le fait, implicite dans 6.10 , que $\underline{\Psi}_{L.}$ et $\underline{\Psi}_{L!}$ sont C-équivalentes si et seulement si L. et L! sont isomorphes dans la catégorie dérivée.

Remarque 6.14. Lorsque la catégorie abélienne C admet suffisamment d'objets projectifs, alors une catégorie de la forme $\underline{\Psi}_{L.}$ admet même un objet maximal, et non seulement quasi-maximal. Pour le voir, on choisit un quasi-isomorphisme $L! \rightarrow L.$, avec $L!_o$ projectif, d'où une $\underline{C}$-équivalence $\underline{\Psi}_{L.} \xrightarrow{\approx} \underline{\Psi}_{L!}$, d'autre part, on sait que $\underline{\Phi}_{L!}$ est exacte à gauche (6.3), donc $\underline{C}$-équivalente à la catégorie cofibrée exacte à gauche associée $\underline{\Psi}_{L!}$, donc on trouve une $\underline{C}$-équivalence

$$\underline{\Psi}_{L.} \xrightarrow{\approx} \underline{\Phi}_{L!} \qquad ,$$

ce qui établit notre assertion.

Dans les numéros suivants, nous travaillerons dans la catégorie $\underline{C}$ des modules sur un topos annelé donné, et dans ce cas il n'y a pas en général assez d'objets projectifs, sauf dans le cas où ce topos est le topos ponctuel.

Remarque 6.15. On peut prouver que les conditions de 6.10. sur $\underline{E}$ sont aussi équivalentes à la condition suivante : $\underline{E}$ est exacte à gauche, et les foncteurs E^o et R^oE^1 (foncteur exact à gauche associés à E^1) sont représentables (comparer 4.5). Il est probable que ce théorème de structure s'étendra un jour aux catégories n-fibrées exactes à gauche (whatever that means), qui seront exprimées en termes de complexes de chaînes de longueur n.

6.16. Pour terminer le présent numéro, nous allons examiner ce qui se passe quand on fait varier, non seulement la catégorie cofibrée $\underline{E}$ sur $\underline{C}$, mais la catégorie-base $\underline{C}$ elle-même.

6.16.1. Donnons-nous un diagramme commutatif de foncteurs

(6.16.1.1) $$\begin{array}{ccc} \underline{E}' & \xrightarrow{F} & \underline{E} \\ \downarrow & & \downarrow \\ \underline{C}' & \xrightarrow{\rho} & \underline{C} \end{array} \qquad ,$$

où $\underline{C}$, $\underline{C}'$ sont des catégories additives, où les foncteurs verticaux font de $\underline{E}$ resp. E' une catégorie cofibrée additive sur $\underline{C}$ resp. $\underline{C}'$, et où ρ est un foncteur additif. Supposons que les complexes typiques d'objets de $\underline{E}$ resp. de $\underline{E}'$ existent. Soit X' un objet de $\underline{E}'$ sur l'objet A' de C', considérons son complexe typique

$$L_{\bullet}^{X'} = \left[A' \xrightarrow{d_{X'}} \Omega_{X'}\right] \qquad ;$$

lui appliquant le foncteur additif ρ, on trouve un complexe

$$\rho(L_{\bullet}^{X'}) = \left[\ \rho(A') \xrightarrow{\rho(d_{X'})} \rho(\Omega_{X'})\right] \ .$$

Par définition (3.1) de $L_{\bullet}^{X'}$, on a une flèche canonique de $\underline{E}'$ sur $d_{X'}$:

$$X' \xrightarrow{u_{X'}} \theta_{\Omega_{X'}}$$

qui transformée par F donne donc une flèche sur $\rho(d_{X'})$

$$F(X') \xrightarrow{F(u_{X'})} \theta_{\rho(\Omega_{X'})} \quad ,$$

compte tenu de l'isomorphisme canonique analogue à (1.4.6)

$$F(\theta_{B'}) = \theta_{\rho(B')} \qquad \text{pour } B' \in \mathrm{Ob}\ \underline{C}' \quad .$$

Utilisant la définition de $L_{\bullet}^{F(X')}$, on voit que $F(u_{X'})$ définit un homomorphisme

$$\varphi_{o}^{X'} : \Omega_{F(X')} \longrightarrow \rho(\Omega_{X'}) \quad ,$$

donnant lieu à un diagramme commutatif

$$\begin{array}{ccc} \rho(A') & \xrightarrow{d_{F(X')}} & \Omega_{F(X')} \\ {\scriptstyle id}\downarrow & & \downarrow{\scriptstyle \varphi_o^{X'}} \\ \rho(A') & \xrightarrow{\rho(d_{X'})} & \rho(\Omega_{X'}) \end{array} \quad ,$$

en d'autres termes on trouve un homomorphisme canonique de complexes

(6.16.1.2) $$\varphi_{\bullet}^{X'} : L_{\bullet}^{F(X')} \longrightarrow \rho(L_{\bullet}^{X'}) \quad .$$

Cet homomorphisme est fonctoriel en X', comme on vérifie aussitôt. Passant alors aux procomplexes associés pour X' variable, on trouve un homomorphisme canonique de proobjets de K(C)

$$(L_{\bullet}^{F(X')})_{X' \in \mathrm{Ob}(\underline{C}')} \longrightarrow \rho(L_{\bullet}^{\underline{E}'}) ,$$

et compte tenu de l'homomorphisme de projection de $L_{\bullet}^{\underline{E}} = (L_{\bullet}^{X})_{X \in \mathrm{Ob}(\underline{C})}$ dans le premier membre, on trouve un homomorphisme canonique de proobjets de K(C)

(6.16.1.3) $$\varphi_{\bullet} \; : \; L_{\bullet}^{\underline{E}} \longrightarrow (L_{\bullet}^{\underline{E}'}) \; .$$

6.16.2. Lorsque E et E' admettent des objets maximaux, de sorte que $L_{\bullet}^{\underline{E}}$ (resp. $L_{\bullet}^{\underline{E}'}$) s'identifie à un objet de la catégorie K(C) (resp. K(C')) des "complexes à homotopie près", on a vu dans 6.4 comment on peut reconstituer, à équivalence de catégories cofibrées près, les catégories cofibrées E, E' en termes des complexes précédents. Nous laissons au lecteur le soin d'expliciter comment, dans ce cas, la connaissance de l'homomorphisme (6.16.1.3) dans K(C) permet de reconstituer le foncteur F à isomorphisme près. Si on suppose seulement que E, E' admettent des objets quasi-maximaux, mais en revanche que ces catégories sont exactes à gauche (C et C' étant abéliennes), il est encore vrai que les complexes typiques $L_{\bullet}^{\underline{E}}$ et $L_{\bullet}^{\underline{E}'}$, en tant qu'objets des catégories dérivées D(C) et D(C'), déterminent E et E' à équivalence de catégories cofibrées près (6.9) ; on laisse encore au lecteur le soin d'expliciter, lorsqu'on suppose de plus ρ exact, comment le foncteur F peut se reconstituer à isomorphisme près en termes de l'homomorphisme (6.16.1.3), considéré comme flèche de la catégorie dérivée D(C').

6.16.3. Supposons maintenant le carré (6.16.1.1) cartésien dans (Cat), de sorte que E' peut se définir comme l'image inverse de la catégorie cofibrée E sur C par le "foncteur de changement de base" $\rho : \underline{C}' \longrightarrow \underline{C}$. Dans les deux cas favorables ci-dessus (6.16.2) où les catégories E, E' sont déterminées par leurs complexes typiques, on est donc amené à exprimer $L_{\bullet}^{\underline{E}'}$ en termes de $L_{\bullet}^{\underline{E}}$. Nous allons supposer pour ceci que le foncteur

$\rho : \underline{C} \to \underline{C}'$ admet un adjoint à gauche σ (ce qui implique à fortiori que ρ est exact à gauche). Alors un homomorphisme (6.16.1.3) reliant deux complexes de $K^-(\underline{C})$, $K^-(\underline{C}')$ équivaut à la donnée d'un homomorphisme dans $K(\underline{C}')$ resp. $D(\underline{C}')$:

(6.16.3.1) $$\psi : \sigma(L_{\cdot}^{\underline{E}}) \longrightarrow L_{\cdot}^{\underline{E}'} \text{ resp. } \mathbb{L}\sigma(L_{\cdot}^{\underline{E}}) \longrightarrow L_{\cdot}^{\underline{E}} \quad .$$

Indépendamment de l'hypothèse cartésienne sur le carré (6.16.1.1), on voit aussitôt qu'on reconstitue les homomorphismes fonctoriels

(6.16.3.2) $$E'^{0}(A') \longrightarrow E^{0}(\rho(A')) \ , \ E'^{1}(A') \longrightarrow E^{1}(\rho(A'))$$

induits par le foncteur F de (6.16.1.1), en termes de (6.16.3.1), compte tenu des isomorphismes (3.10.1) resp. (5.4.1.1), en associant, à tout homomorphisme (dans $K(\underline{C}')$ resp. $D(\underline{C}')$ de degré 0 ou 1 de $L_{\cdot}^{\underline{E}'}$ dans un objet A' de $\underline{C}'$ son composé avec ψ , ce qui (grâce à la relation d'adjonction entre ρ et σ) fournit un homomorphisme $L_{\cdot}^{\underline{E}} \to \rho(A')$ de degré 0 ou 1. On en conclut que le foncteur

$$\underline{E}' \longrightarrow \underline{E} \times_{\underline{C}} \underline{C}'$$

induit par F est une $\underline{C}$-équivalence de catégories, i.e. que les homomorphismes (6.16.3.2) sont des isomorphismes, <u>si et seulement si</u> l'homomorphisme ψ dans (6.16.3.1) est un isomorphisme dans $K(\underline{C}')$, resp. induit dans $D(\underline{C}')$ un isomorphisme du deuxième membre avec le complexe tronqué $[\mathbb{L}\sigma(L_{\cdot}^{\underline{E}})]$, déduit de $\mathbb{L}\sigma(L_{\cdot}^{\underline{E}})$ en " tuant les objets d'homologie H_i pour $i \geq 2$". Donc dans le cas où le carré (6.16.1.1) est cartésien, cela exprime bien $L_{\cdot}^{\underline{E}'}$ en termes de $L_{\cdot}^{\underline{E}}$ comme $\sigma(L_{\cdot}^{\underline{E}})$ resp. $[\mathbb{L}\sigma(L_{\cdot}^{\underline{E}})]$.

7. Application aux extensions de faisceaux d'anneaux.

7.1. Construction de certaines catégories cofibrées additives.

Dans tout ce numéro, S désigne un topos [SGA 4] , muni d'un homomorphisme

(7.1.1) $$A \longrightarrow B$$

de faisceaux d'anneaux. On dit encore, A étant d'abord fixé, que B est un A-anneau sur S. Comme d'habitude, on dira que B est même une A-algèbre si A est commutatif et si l'homomorphisme précédent est central, et il y aura lieu également de distinguer le cas des A-algèbres commutatives. Parfois, nous supposerons de plus donné un homomorphisme d'Anneaux

(7.1.2) $$k \longrightarrow A \quad ,$$

et réfèrerons généralement aux considérations qui font intervenir également ce dernier comme le "cas relatif" (sous entendu : "à la donnée de 7.1.2"). La terminologie et les notations du présent numéro sont inspirées de EGA 0_{IV} §§ 18, 20, dont la lecture préliminaire est recommandée.

Nous allons définir, en termes de (7.1.1), trois catégories cofibrées remarquables $\underline{E}_i$ (i=1,2,3), au-dessus respectivement de trois catégories abéliennes

(7.1.3) $$\underline{C}_1 \quad , \quad \underline{C}_2 \quad , \quad \underline{C}_3 \qquad ,$$

et dans le cas relatif, trois autres catégories cofibrées $\underline{E}'_i$ (i=1,2,3) au-dessus de ces mêmes catégories abéliennes. On pose :

(7.1.4)
- $\underline{C}_1$ = catégorie des Bimodules sur B = catégorie des Modules sur l'Anneau $B\otimes_{\underline{Z}}B^{\circ}$ (où B° est l'Anneau opposé de B).
- $\underline{C}_2$ = sous-catégorie pleine de $\underline{C}_1$ formée des B-Bimodules tels que le A-Bimodule déduit par restriction des scalaires ait même loi gauche et droite = catégorie des Bimodules sur l'Anneau $B\otimes_A B^{\circ}$.
- $\underline{C}_3$ = sous-catégorie pleine de $\underline{C}_1$ formée des B-Bimodules ayant même loi gauche et droite = catégorie des B-Modules.

Quand nous travaillerons avec $\underline{C}_2$ et $\underline{E}_2$ (resp. $\underline{C}_3$ et $\underline{E}_3$), nous supposerons toujours tacitement que B est une A-algèbre (resp. une A-algèbre commutative) par (7.1.1), et dans le cas relatif, que k est commutatif comme A.

On introduit maintenant les catégories suivantes :

(7.1.5) $\underline{\mathrm{Exan}}_A(B,-) = \underline{E}_1$ = catégorie des A-Anneaux E, munis d'un homomorphisme surjectif $E \to B$ à noyau I de carré nul ; le foncteur structural $\underline{E}_1 \to \underline{C}_1$ est le foncteur $E \rightsquigarrow I$.

(7.1.6) $\underline{\mathrm{Exal}}_A(B,-) = \underline{E}_2$ = sous-catégorie pleine de la catégorie $\underline{E}_1$ formée des E qui sont des A-Algèbres ; le foncteur structural $\underline{E}_2 \to \underline{C}_2$ est induit par le précédent.

(7.1.7) $\underline{\mathrm{Exalcom}}_A(B,-) = \underline{E}_3$ = sous-catégorie pleine de la catégorie $\underline{E}_2$ formée des E qui sont des A-Algèbres commutatives ; le foncteur structural $\underline{E}_3 \to \underline{C}_3$ est induit par le précédent.

On définit un objet canonique de $\underline{E}_1$ au-dessus d'un $J \in Ob(\underline{C}_1)$:

(7.1.8) $$D_B(J) = B \oplus J \quad ,$$

où le deuxième membre est muni de la loi de multiplication bien connue

$$(b+j,b'+j') \longmapsto bb' + (bj'+jb') \quad .$$

Si B est une A-algèbre (resp. une A-algèbre commutative) il en est de même de $D_B(J)$, qui se trouve donc dans ce cas dans $\underline{E}_2$(resp.$\underline{E}_3$) . Un objet de $\underline{E}_1$ isomorphe à un objet de la forme (7.1.8) est dit <u>trivial</u> (sur A). Ceci posé, on définit, pour i = 1,2,3 :

(7.1.9) $\underline{E}_i^!$ = sous-catégorie pleine de $\underline{E}_i$ formée des objets triviaux en tant qu'extensions de k-anneaux. Le foncteur structural $\underline{E}_i^! \longrightarrow \underline{C}_i$ est induit par $\underline{E}_i \longrightarrow \underline{C}_i$.

7.1.10. On vérifie aisément que les catégories $\underline{E}_i$ et $\underline{E}_i^!$ sont des catégories cofibrées sur $\underline{C}_i$ (i=1,2,3), le cochangement de base, relativement à un homomorphisme $I \longrightarrow J$ dans $\underline{C}_i$, étant donné par une somme amalgamée évidente de faisceaux abéliens, cf. EGA 0_{IV} 18. En fait, $E_i^!$ est donc une sous-catégorie cofibrée pleine de $\underline{E}_i$, et d'autre part $\underline{E}_2$ est une sous-catégorie cofibrée pleine de $\underline{E}_1|\underline{C}_2$, et $\underline{E}_3$ une sous-catégorie cofibrée pleine de $\underline{E}_2|\underline{C}_1$ et de $\underline{E}_3|C_1$.

De plus, toutes ces catégories cofibrées sont <u>additives</u> (2.2), comme on vérifie immédiatement (cf. Loc. cit.).

7.1.11. Les catégories cofibrées $\underline{E}_i$ (i=1,2,3) sont même <u>exactes à gauche</u> (2.2). On le voit de la façon suivante. Considérons une flèche dans $\underline{E}_1$:

$$(7.1.11.1)\qquad \begin{array}{ccccccccc} 0 & \longrightarrow & I' & \longrightarrow & E' & \longrightarrow & B & \longrightarrow & 0 \\ & & \downarrow & & \downarrow & & \| & & \\ 0 & \longrightarrow & I'' & \longrightarrow & E'' & \longrightarrow & B & \longrightarrow & 0 \end{array} ,$$

avec $I' \longrightarrow I''$ un épimorphisme, de noyau I. Alors les "restrictions à I de la A-extension E' de B par I'" , i.e. les sous A-Anneaux E de E' tels que $E' \longrightarrow B$ induise un épimorphisme $E \longrightarrow B$ de noyau égal à I, correspondent biunivoquement aux isomorphismes de l'extension E" avec l'extension triviale $D_B(I'')$, ou ce qui revient au même (loc.cit.) aux splittages de l'extension E", i.e. les homomorphismes de A-Anneaux $B \longrightarrow E''$ inverses à droite de la projection $E'' \longrightarrow B$, ou enfin aux sous-A-Anneaux E''_o de E" tels que $E'' \longrightarrow B$ induise un isomorphisme $E''_o \longrightarrow B$. Dans cette correspondance, à E correspond E''_o par $E' \longrightarrow E''$. D'ailleurs, il est trivial que, si dans (7.1.11.1) E' donc E" est dans $\underline{E}_2$ (resp. dans $\underline{E}_3$), alors il en est de même de E. Cela implique aisément l'assertion d'exactitude à gauche faite pour les $\underline{E}_i$.

On fera attention, par contre, que les $\underline{E}_i^!$ ne sont pas exactes à gauche en général, même si S est le topos ponctuel, i.e. si on travaille avec des anneaux ordinaires (au lieu de faisceaux d'anneaux).

7.2. <u>Faisceaux de différentielles</u>, <u>et complexe typique d'une extension</u>.

7.2.1. Soit

$$0 \longrightarrow I \longrightarrow E \longrightarrow B \longrightarrow 0$$

un objet de $\underline{E}_1$, soit C un A-Anneau, et considérons un homomorphisme de A-Anneaux

$$(7.2.1.1)\qquad u : C \longrightarrow E \qquad ,$$

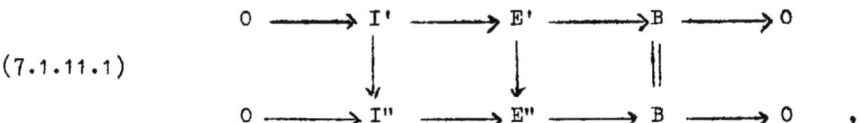

d'où un composé

(7.2.1.2) $u_o : C \longrightarrow B$.

On constate aussitôt que les homomorphismes de A-Anneaux

$$v : C \longrightarrow B$$

tels que $v_o = u_o$ sont exactement les "applications" de la forme

$$v = u + D \quad ,$$

où

$$D : C \longrightarrow I$$

est une "application" satisfaisant aux conditions suivantes :

(7.2.1.3)
$$\begin{cases} D(c+c') = D(c) + D(c') & \text{pour } c,c' \in C(U) \\ D(a.1_C) = 0 & \text{pour } a \in A(U) \\ D(cc') = c\, D(c') + D(c)\, c' & \text{pour } c,c' \in C(U) \end{cases} ,$$

où U est un objet quelconque de S. Une telle "application" s'appellera une A-dérivation de C dans le C-Bimodule I . (NB I est considéré comme C-Bimodule par restriction des scalaires grâce à $u_o : C \longrightarrow B$).

En particulier, si $E = D_B(I)$, de sorte qu'on ait un homomorphisme de A-anneaux $B \longrightarrow E$, la donnée d'un homomorphisme u_o (7.2.1.2) définit par composition un homomorphisme u (7.2.1.1), et on voit donc que l'ensemble des homomorphismes de A-Anneaux v de C dans l'extension triviale $E = D_B(I)$ qui relèvent u_o est en correspondance biunivoque avec l'ensemble des A-dérivations de C dans I.

7.2.2. Si I est un B-Bimodule, on notera

(7.2.2.1) $\text{Dér}_A(B,I)$

l'ensemble des A-dérivations de B dans I. Pour I variable, c'est évidemment un foncteur covariant en I. Nous allons voir qu'il est représentable quand I varie dans la catégorie $\underline{C}_i$ (i=1,2,3). Les objets qui le représentent pourront être notés respectivement

(7.2.2.2) $\quad \mathrm{Diffan}_{B/A} \in \mathrm{Ob}\ \underline{C}_1$, $\mathrm{Diffal}_{B/A} \in \mathrm{Ob}\ \underline{C}_2$, $\mathrm{Diffalcom}_{B/A} \in \mathrm{Ob}\ \underline{C}_3$,

le deuxième étant défini si B est une A-algèbre, le troisième si B est une A-algèbre commutative. Ils sont donc définis respectivement par l'isomorphisme fonctoriel en I

(7.2.2.3) $\quad \mathrm{Hom}(\mathrm{Diffan}_{B/A}, I) \simeq \mathrm{Dér}_A(B,I) \qquad I \in \mathrm{Ob}\ \underline{C}_1$,

et les deux isomorphismes analogues pour $I \in \mathrm{Ob}\ \underline{C}_2$ resp. $I \in \mathrm{Ob}\ \underline{C}_3$.

Comme les foncteurs d'inclusion

$$\underline{C}_2 \hookrightarrow \underline{C}_1 \quad \text{et} \quad \underline{C}_3 \hookrightarrow \underline{C}_2$$

ont des adjoints à gauche

$$\varphi_1 : \underline{C}_1 \longrightarrow \underline{C}_2 \ , \ \phi_2 : \underline{C}_2 \longrightarrow \underline{C}_3 \quad ,$$

définis respectivement par les changements d'Anneaux pour les homomorphismes (en fait, épimorphismes) canoniques d'Anneaux :

(7.2.2.4) $\quad B \otimes_{\underline{Z}} B^{\circ} \longrightarrow B \otimes_A B^{\circ} \quad , \quad B \otimes_A B^{\circ} = B \otimes_A B \longrightarrow B \quad ,$

on voit qu'il suffit à priori de prouver l'existence de $\mathrm{Diffan}_{B/A}$, et on en conclura les deux autres modules de différentielles par les formules

(7.2.2.5) $$\begin{cases} \mathrm{Diffal}_{B/A} = \varphi_1(\mathrm{Diffan}_{B/A}) \ , \\ \mathrm{Diffalcom}_{B/A} = \varphi_2(\mathrm{Diffal}_{B/A}) \ . \end{cases}$$

Quant à la construction explicite de $\mathrm{Diffan}_{B/A}$, elle est elle-même assez évidente ; comme quotient de

$$T = B \otimes_Z B \otimes_Z B \quad ,$$

considéré comme B-Bimodule par les deux facteurs extrêmes, par le sous-Bimodule engendré par les homomorphismes

$$A \longrightarrow T \ , \quad B\otimes_Z B \longrightarrow T$$

définis respectivement par

$$a \longmapsto 1_B\otimes a.1_B\otimes 1_B \quad \text{et} \quad b\otimes b' \longmapsto 1_B\otimes b\otimes b' - b\otimes b'\otimes 1_B \ .$$

La A-dérivation universelle s'obtient par l'homomorphisme de faisceaux

(7.2.2.6) $$d_{B/A} \ : \ B \longrightarrow \mathrm{Diffan}_{B/A}$$

défini par passage au quotient à partir de

$$b \longmapsto 1_B\otimes b\otimes 1_B \ .$$

7.2.3 Il est maintenant évident que pour un objet d'une des six catégories cofibrées $\underline{E}_i$, $\underline{E}_i'$ envisagées, il existe un <u>complexe typique</u> (3.1). Comme l'inclusion $\underline{E}_i' \longrightarrow \underline{E}_i$ est cocartésienne et pleinement fidèle, il suffit de considérer le cas des $\underline{E}_i$, le complexe typique d'un objet de $\underline{E}_i'$ s'identifiant alors à celui du même objet dans $\underline{E}_i$. Si

$$E \ : \ 0 \longrightarrow I \longrightarrow E \longrightarrow B \longrightarrow 0$$

est un objet de $\underline{E}_i$ sur l'objet I de $\underline{C}_i$, il est évident par 7.2.1 que le foncteur D_E de (3.1) est canoniquement isomorphe au foncteur $I \longmapsto \mathrm{Dér}_A(E,I)$ sur $\underline{C}_i$, qui en vertu de 7.2.2 est bien représentable par le Module déduit du module de différentielles $\mathrm{Diffan}_{E/A}$, resp. $\mathrm{Diffal}_{E/A}$, resp. $\mathrm{Diffalcom}_{E/A}$, par le changement d'Anneau $E\otimes_{\underline{Z}}E^{\circ} \longrightarrow B\otimes_{\underline{Z}}B^{\circ}$, resp. $E\otimes_A E^{\circ} \longrightarrow B\otimes_A B^{\circ}$, resp. $E \longrightarrow B$. On vérifie d'autre part que l'homomorphisme canonique 3.1.4 pour E n'est autre que l'homomorphisme

$$(7.2.3.1)\quad \begin{cases} I \xrightarrow{d} \mathrm{Diffan}_{E/A} \otimes_{(E\otimes_{Z}E^{o})} (B\otimes_{\underline{Z}}B^{o}) & , \\ \text{resp.}\quad I \xrightarrow{d} \mathrm{Diffal}_{E/A} \otimes_{(E\otimes_{A}E^{o})} (B\otimes_{A}B^{o}) & , \\ \text{resp.}\quad I \xrightarrow{d} \mathrm{Diffalcom}_{E/A} \otimes_{E} B & , \end{cases}$$

induit sur $I \longrightarrow E$ par la A-dérivation universelle (7.2.2.6) et variantes, de I dans le module de différentielles tensorisé.

Compte tenu de 3.4 , on trouve aussi immédiatement des isomorphismes canoniques

$$(7.2.3.2)\qquad \Omega_{\underline{E}_1} = \mathrm{Diffan}_{B/A} \ , \ \Omega_{\underline{E}_2} = \mathrm{Diffal}_{B/A} \ , \Omega_{\underline{E}_3} = \mathrm{Diffalcom}_{B/A} \ .$$

Ainsi la connaissance d'un module de différentielles convenable de B/A permet de reconstituer les foncteurs E_i^o et $E_i'^o$ associés aux catégories cofibrées $\underline{E}_i$ et $\underline{E}'_i$ dans 1.6 (N.B. on aura évidemment

$$(7.2.3.3)\qquad \Omega_{\underline{E}_i} = \Omega_{\underline{E}'_i} \qquad) \ .$$

Pour expliciter également les foncteurs

$$(7.2.3.4)\quad \begin{cases} E_1^1(I) = \mathrm{Exan}_A(B,I), E_2^1(I) = \mathrm{Exal}_A(B,I),\ E_3^1(I) = \mathrm{Exalcom}_A(B,I) \\ E_1'^1(I) = \mathrm{Exan}_{A/k}(B,I), E_2'^1(I) = \mathrm{Exal}_{A/k}(B,I)\ , \\ \qquad\qquad E_3'^1(I) = \mathrm{Exalcom}_{A/k}(B,I), \end{cases}$$

via la formule générale (3.8.3), il y a lieu de chercher des éléments maximaux (3.10) ou quasi-maximaux (4.4) des catégories cofibrées envisagées, ce qui va être fait dans les deux sections suivantes.

7.3. Objets maximaux dans le cas relatif.

Notons que si on a un objet de $\underline{E}'_1$

$$0 \longrightarrow I \longrightarrow E \longrightarrow B \longrightarrow 0 \quad ,$$

la donnée d'une k-trivialisation de ce dernier permet de l'identifier à $D_B(I)$ en tant que extension de k-Anneaux, et la structure de A-Anneau sur E est alors définie par un homomorphisme de k-anneaux $A \longrightarrow D_B(I)$ qui relève l'homomorphisme donné $A \longrightarrow B$, ou ce qui revient au même en vertu de 7.2.1, par une k-dérivation de A dans I . Ainsi, la donnée d'un objet de $\underline{E}'_1$ sur I, muni d'une trivialisation en tant qu'extension de k-anneaux, revient exactement à la donnée d'une k-dérivation

(7.3.1) $$D : A \longrightarrow I \quad .$$

Cette construction montre d'ailleurs que si I est dans $\underline{C}_2$ (resp. $\underline{C}_3$) alors l'objet E est dans $\underline{E}'_2$ (resp. $\underline{E}'_3$) , en d'autres termes on a

(7.3.2) $$\underline{E}'_2 = \underline{E}'_2|\underline{C}_2 \quad , \quad \underline{E}'_3 = \underline{E}'_1 \,|\, \underline{C}_3 \quad ,$$

(relations dont les analogues pour les $\underline{E}_i$ ne sont pas valables en général). Utilisant maintenant 7.2.2 , on voit que la donnée d'un tel objet revient aussi à la donnée d'un homomorphisme de A-bimodules

$$\mathrm{Diffan}_{A/k} \longrightarrow I$$

ou encore d'un homomorphisme de B-bimodules (i.e. d'un homomorphisme dans $\underline{C}_1$) :

(7.3.3) $$\mathrm{Diffan}_{A/k} \otimes_{(A\otimes_{\underline{Z}}A^o)} (B\otimes_{\underline{Z}}B^o) \longrightarrow I \quad .$$

Dans le cas où on travaille dans $\underline{E}'_2$ resp. $\underline{E}'_3$, il y a lieu de remplacer cette interprétation par celle d'une flèche dans $\underline{C}_2$ resp. $\underline{C}_3$:

(7.3.4) $$\mathrm{Diffalcom}_{A/k} \otimes_A (B\otimes_A B^o) \longrightarrow I$$

resp.

(7.3.5) $$\mathrm{Diffalcom}_{A/k}\otimes_A B \longrightarrow I \quad .$$

Il en résulte aussitôt que $\underline{E}^!_i$ admet un objet maximal canonique,

(7.3.6) $$\xi^!_i \in \mathrm{Ob}\ \underline{E}^!_i \quad ,$$

savoir celui qui correspond à l'isomorphisme identique du premier membre de (7.3.3) resp. (7.3.4) resp. (7.3.5).

D'autre part, si pour un objet donné E de $\underline{E}^!_1$ sur I , on change de trivialisation en tant qu'extension de k-Anneaux, un tel changement est décrit, en vertu de 7.2.1 , par une k-dérivation

(7.3.7) $$D' : B \longrightarrow I \quad ,$$

ou ce qui revient au même par 7.2.2 , par un homomorphisme de E-Bimodules

$$\mathrm{Diffan}_{B/k} \longrightarrow I \quad .$$

Alors la dérivation (7.3.1) décrivant initialement E est remplacée, pour cette nouvelle k-trivialisation, par D + (D'|A) , où D'|A désigne la dérivation induite sur A. Considérons l'homomorphisme

(7.3.8) $$\mathrm{Diffan}_{A/k}\otimes_{(A\otimes_{\underline{Z}}A^o)}(B\otimes_{\underline{Z}}B^o) \longrightarrow \mathrm{Diffan}_{B/k}$$

qui représente l'homomorphisme de foncteurs en I $\mathrm{Dér}_k(B,I) \longrightarrow \mathrm{Dér}_k(A,I)$ "restriction à A" , on trouve un complexe de chaînes de longueur 1 correspondant dans $\underline{C}_1$:

(7.3.8. bis) $$\mathrm{Compan}^{B/A/k}_{\cdot} \in \mathrm{Ob}\ \mathrm{Ch}(\underline{C}_1) \quad ,$$

et les considérations précédentes établissent à priori (indépendamment de celles des numéros 1 à 5) un isomorphisme fonctoriel en I $\in$ Ob $\underline{C}_1$:

(7.3.8. ter) $$\mathrm{Exan}_{B/A}(I) \simeq H^1(\mathrm{Hom}^{\cdot}(\mathrm{Compan}^{B/A}_{\cdot},I)) \quad ,$$

et même une équivalence de catégories cofibrées sur $\underline{C}_1$

(7.3.8.quater) $$\underline{E}'_1 \xrightarrow{\approx} \underline{\varphi}_{\text{Compan}^{B/A/k}_{\cdot}} \quad ,$$

avec la notation $\underline{\varphi}$ introduite dans 6.3 . Lorsqu'on travaille dans $\underline{E}'_2$ resp. $\underline{E}'_3$, les mêmes réflexions sont valables, en remplaçant (7.3.8) par

(7.3.9) $$\text{Diffal}_{A/k} \otimes_A (B \otimes_A B^{\circ}) \longrightarrow \text{Diffal}_{B/k} \quad ,$$

d'où un complexe typique

(7.3.9 bis) $$\text{Compal}^{B/A/k}_{\cdot} \in \text{Ob Ch}(\underline{C}_2) \quad ,$$

resp. par

(7.3.10) $$\text{Diffalcom}_{A/k} \otimes_A B \longrightarrow \text{Diffalcom}_{B/k} \quad ,$$

d'où un complexe typique

(7.3.10 bis) $$\text{Compalcom}^{B/A/k}_{\cdot} \in \text{Ob Ch}(\underline{C}_3) \quad .$$

Nous nous dispensons d'écrire les deux formules en ter et quater.

7.3.11. Bien entendu, la comparaison de ces résultats avec les considérations de 3.8 et 3.10 montrent que les complexes (7.3.8 bis), (7.3.9 bis) et (7.3.10 bis) qu'on vient de construire sont bien les complexes typiques (3.1) des objets maximaux canoniques (7.3.6), en d'autres termes que les deuxièmes membres des flèches (7.3.8), (7.3.9) et (7.3.10) sont bien les modules de différentielles

$$\text{Diffan}_{\xi'_1/k} \quad , \quad \text{Diffal}_{\xi'_2/k} \quad , \quad \text{Diffalcom}_{\xi'_3/k}$$

associés respectivement aux objets maximaux canoniques (7.3.6) ξ'_i (i=1,2,3) des $\underline{E}'_i$.

7.4. Objets quasi-maximaux dans le cas absolu.

7.4.1. Nous allons maintenant prouver que les catégories cofibrées $\underline{E}_i$ (i=1,2,3) admettent des objets quasi-maximaux (4.4). Contrairement à ce qui a été vu dans le cas relatif, nous ne trouverons pas d'objet quasi-maximal canonique (*). Conformément à la théorie générale, le complexe typique d'un tel objet ne sera donc déterminé qu'à isomorphisme unique près dans la catégorie dérivée $D(\underline{C}_i)$.

Pour donner une représentation uniforme de la construction, nous fixons un entier i (égal à 1 , 2 ou 3), et si T est un objet de S (donc un faisceau d'ensembles sur un site définissant S) nous désignerons par la notation

(7.4.1.1) $$A\{T\}$$

le A-Anneau (resp. la A-Algèbre, resp. la A-Algèbre commutative) libre engendrée par T, de sorte que pour un objet C de la même espèce (A-Anneau, resp. A-Algèbre, resp. A-Algèbre commutative) on a une bijection fonctorielle en C

(7.4.1.2) $$\mathrm{Hom}_{A\text{-ann}}(A\{T\},C) \simeq \mathrm{Hom}(T,C) \quad .$$

Nous laisserons au lecteur le détail de la construction d'un tel objet libre, construction essentiellement triviale, et n'utiliserons que la propriété universelle qu'on vient de signaler.

Soit alors T un objet de S et

(7.4.1.3) $$\varphi_o : T \longrightarrow B$$

un homomorphisme qui engendre B en tant que A-Anneau, en d'autres termes, tel que l'homomorphisme correspondant

(7.4.1.4) $$\varphi : A\{T\} \longrightarrow B$$

soit un épimorphisme. (On pourra par exemple prendre T = B !) Si

(*) Cf. cependant la thèse de L. ILLUSIE pour une construction canonique.

$$0 \longrightarrow I \longrightarrow E \longrightarrow B \longrightarrow 0$$

est une extension de A-Anneaux, de noyau I, alors en vertu de (7.4.1.2) les relèvements de φ à E correspondent biunivoquement aux relèvements de φ_o à E . L'obstruction à l'existence d'un tel relèvement se trouve donc dans $H^1(T,I)$, et est donc nulle si I est injectif dans $\underline{C}_i$ (de sorte que I_T est un objet injectif sur T, donc acyclique). Mais I étant de carré nul, les relèvements de φ_o à E s'annulent nécessairement sur le carré J^2 de J = Ker φ . Soit alors

(7.4.1.5) $$E_{\varphi_o} = A\{T\}/ (\mathrm{Ker}\ \varphi)^2$$

le A-Anneau augmenté vers B déduit de (7.4.1.4), c'est un objet de $\underline{E}_i$, et le critère 4.4 d) nous montre que cet objet est quasi-maximal.

7.4.2. Considérons alors le complexe typique de E_{φ_o} , qui est un complexe de chaînes de longueur 1, que nous noterons

(7.4.2.1) $$L_{\cdot}^{\underline{E}_i} \in \mathrm{Ob}\ D(\underline{C}_i) \quad ,$$

vu son caractère d'invariance par rapport au choix de T,φ_o rappelé plus haut. Utilisant le résultat général 5.4.1, on trouve donc un isomorphisme de foncteurs sur $\underline{C}_i$

(7.4.2.2) $$E_i^o(I) \simeq \mathrm{Ext}^o(L_{\cdot}^{\underline{E}_i},I) \ , \ E_i^1(I) \quad \mathrm{Ext}^1(I) \simeq \mathrm{Ext}^1(L_{\cdot}^{\underline{E}_i},I) \ ,$$

compatible d'ailleurs avec les homomorphismes cobords définis grâce à 7.1.11 et (2.5.1), pour les foncteurs des premiers membres. De façon plus précise encore, la connaissance de $L_{\cdot}^{\underline{E}_i}$ permet de reconstituer $\underline{E}_i$ à $\underline{C}_i$-équivalence près par la formule (cf.6.10) :

(7.4.2.3) $$\underline{E}_i \xrightarrow{\approx} \underline{\Psi}_{L.}{}^{B_i} \quad .$$

Lorsqu'on désire des notations plus spécifiques pour les complexes typiques $L_\cdot^{\underline{E}_i}$, faisant intervenir $A \to B$, on peut utiliser les notations

(7.4.2.4) $$\mathrm{Compan}_\cdot^{B/A}\ ,\ \mathrm{Compal}_\cdot^{B/A}\ ,\ \mathrm{Compalcom}_\cdot^{B/A}\ .$$

Utilisant ces notations, chacune des formules (7.4.2.2) et (7.4.2.3) se spécifie en trois formules distinctes, dont nous n'écrirons qu'une seule :

(7.4.2.5) $$\mathrm{Extan}_A(B,I) \simeq \mathrm{Ext}^1(\mathrm{Compan}_\cdot^{B/A}\ ,\ I)\ ,$$

laissant les formules analogues pour $\mathrm{Extal}_A(B,I)$, $\mathrm{Extalcom}_A(B,I)$ etc aux soins du lecteur diligent.

7.4.3. Lorsque tout faisceau abélien de S est flasque, ce qui est le cas en particulier si S est le topos ponctuel (plus généralement, le topos associé à un espace compact totalement discontinu), alors le raisonnement de 7.4.1 montre que l'objet E_{φ_0} construit est même un objet <u>maximal</u> de $\underline{E}_i$. Dans ce cas, on peut donc considérer le complexe typique $L_\cdot^{\underline{E}_i}$ comme défini à homotopie près, i.e. comme un objet de $K(\underline{C}_i)$ défini à isomorphisme unique près.

7.5. Relations entre les complexes typiques obtenus.

Posant pour abréger

(7.5.1) $$L^{(i)} = L_\cdot^{\underline{E}_i}\ ,\quad L!^{(i)} = L_\cdot^{\underline{E}'_i}\ ,$$

les relations envisagées s'expriment partiellement par un diagramme d'homomorphismes de complexes

(7.5.2) $$\begin{array}{ccccc} L_\cdot^{(1)} & \longrightarrow & L_\cdot^{(2)} & \longrightarrow & L_\cdot^{(3)} \\ \downarrow & & \downarrow & & \downarrow \\ L!^{(1)} & \longrightarrow & L!^{(2)} & \longrightarrow & L!^{(3)} \end{array}\ ,$$

où la i.ème flèche verticale est un homomorphisme dans $D(\underline{C}_i)$, tandis que les flèches horizontales inférieures sont des homomorphismes de complexes abéliens compatibles avec les homomorphismes (7.2.2.4) sur les anneaux d'opérateurs. Enfin, les flèches horizontales supérieures désignent en fait des flèches dans la catégorie dérivée gauche $D^-(\underline{C}_2)$ resp. $D^-(\underline{C}_3)$:

(7.5.3) $\quad L_\cdot^{(1)} \overset{L}{\otimes}_{(B\otimes_{\underline{Z}}B^o)} (B\otimes_A B^o) \longrightarrow L_\cdot^{(2)}$ resp. $L_\cdot^{(2)} \overset{L}{\otimes}_{(B\otimes_A B^o)} B \longrightarrow L_\cdot^{(3)}$,

où les produits tensoriels écrits $\overset{L}{\otimes}$ sont entendus au sens des catégories dérivées gauches. Lorsque S est le topos ponctuel, on peut partout remplacer les catégories dérivées $D(\underline{C}_i)$ par les catégories $K(\underline{C}_i)$ de complexes à homotopie près, et les produits tensoriels $\overset{L}{\otimes}$ par des $\otimes$ ordinaires, compte tenu de 7.4.3 et des définitions explicites qui vont suivre. Le diagramme (7.5.2) sera commutatif dans un sens évident, la commutativité des deux carrés étant prise dans $D(\underline{C}_2)$ resp. $D(\underline{C}_3)$ dans le cas général, et dans $K(\underline{C}_2)$ resp. $K(\underline{C}_3)$ dans le cas où S est le topos ponctuel.

7.5.4 Définition et étude des flèches verticales de (7.5.2). Nous nous bornons à la définition de $L_\cdot^{(1)} \longrightarrow L_!^{(1)}$, la définition des deux autres flèches verticales se faisant de façon exactement analogue. On utilise le foncteur d'inclusion pleinement fidèle

(7.5.4.1) $\quad \underline{E}_1^! \hookrightarrow \underline{E}_1$,

qui définit, puisque $\underline{E}_1$ est exacte à gauche en vertu de 7.1.11 , un foncteur cocartésien (cf. 2.8) :

(7.5.4.2) $\quad R^o\underline{E}_1^! \longrightarrow \underline{E}_1$.

En vertu de 6.11 , (7.5.4.1) est décrit par un objet de $\hat{\underline{E}}_1(L_!^{(1)}[-1])$, dont la classe à isomorphisme près est donc un homomorphisme dans $D(\underline{C}_1)$, $L_{\cdot}^{(1)}[-1] \longrightarrow L_!^{(1)}[-1]$, ou ce qui revient au même, un homomorphisme

(7.5.4.3) $$L_{\cdot}^{(1)} \longrightarrow L_!^{(1)}$$

dans $D(\underline{C}_1)$, qui est la flèche cherchée. On peut aussi l'interpréter comme étant la flèche qui exprime l'homomorphisme (7.5.4.2), en vertu de 6.13 , qui implique aussi que (7.5.4.3) *est un quasi-isomorphisme si et seulement si l'inclusion* (7.5.4.2) *est une équivalence*, *i.e.* (2.9) *si et seulement si pour tout* B-*Bimodule injectif* I , *toute extension de* A-*anneaux de* B *par* I *splitte en tant que extension de* k-*anneaux*. Dans le cas où S est le topos ponctuel, et où $L_{\cdot}^{(1)}$ est donc défini comme élément de $K(\underline{C}_1)$ et non seulement de $D(\underline{C}_1)$, alors (7.5.4.3) est défini par les considérations précédentes comme une flèche de $K(\underline{C}_1)$, et il résulte de 6.12 que (7.5.4.3) *est alors une équivalence d'homotopie si et seulement si l'inclusion* (7.5.4.1) *est une équivalence*, i.e. *si la condition énoncée plus haut est satisfaite pour tout* B-*Bimodule* (injectif ou non). D'autre part, le fait que (7.5.4.1) soit pleinement fidèle, ou ce qui revient au même (6.9) , que (7.5.4.2) le soit, s'exprime en termes de l'homomorphisme (7.5.4.3) par le fait que cet *homomorphisme induit un isomorphisme sur les* H_o (ce qui était évident à priori, les deux H_o s'identifiant ici à $\mathrm{Diffan}_{B/A}$ comme on l'a vu) *et un épimorphisme sur les* H_1.

7.5.5. Toutes ces réflexions s'étendent mot pour mot aux deux autres flèches verticales de (7.5.2). Dans le cas où S est le topos ponctuel, et $k \longrightarrow A \longrightarrow B$ des homomorphismes d'anneaux commutatifs, on trouve en particulier : si B est formellement lisse sur k (EGA 0_{IV} 19.3.1), alors on a une équivalence d'homotopie canonique

(7.5.5.1) $$\text{Compalcom}_{\cdot}^{B/A} \xrightarrow{\approx} \text{Compalcom}_{\cdot}^{B/A/k} ,$$

dont les deux membres sont définis respectivement dans (7.4.2.4) et (7.3.10. bis), le deuxième n'étant autre que le complexe

$$0 \longrightarrow \Omega^1_{A/k} \otimes_A B \longrightarrow \Omega^1_{B/k} \longrightarrow 0$$

(où nous adoptons maintenant pour les modules de différentielles dans le cas commutatif les notations de EGA 0_{IV}20) introduit déjà dans EGA 0_{IV} 20.6.5 . Cela donne l'interprétation de ce dernier complexe, promise dans EGA 0_{IV} 20.6.26 . Voir plus bas (9.5.5) une variante globale de ce résultat.

7.5.5. Nous laissons la définition des flèches horizontales de (7.5.2) et la vérification de la commutativité au lecteur intéressé, vu que nous n'aurons pas à nous servir de ces flèches.

8. Application aux "variations infinitésimales" de faisceaux d'algèbres.

8.1. Soit S un topos, A un anneau de S , muni d'un Idéal I de carré nul, $A_o = A/I$, de sorte qu'on a une suite exacte

(8.1.1) $$0 \longrightarrow I \longrightarrow A \longrightarrow A_o \longrightarrow 0 \quad , \quad I^2 = 0 \ .$$

Soit donné de plus une A_o-Algèbre

(8.1.2) $$A_o \longrightarrow B_o \quad ,$$

i.e. une Algèbre sur A telle que $IB_o = 0$. On se propose de classifier, à isomorphisme près, les A-Algèbres B "donnant B_o par réduction modulo I" , de façon précise, les couples

(8.1.3) $$(B,\varphi) \quad ,$$

où B est une A-Algèbre, et où φ est un isomorphisme de A_o-Algèbres

(8.1.4) $\varphi : B\otimes_A A_o \longrightarrow B_o$.

La notion d'isomorphisme entre deux tels couples (B,φ) et (B',φ') se définit de la façon évidente.

8.2. Un premier invariant d'un tel couple (B,φ) est l'Idéal IB de B tel que $B_o \simeq B/IB$, lequel Idéal, étant de carré nul, peut être considéré comme un B_o-Bimodule. On a un épimorphisme canonique

$$I\otimes_{A_o} B_o \longrightarrow IB$$

compatible avec les structures de B_o-Bimodules, qui permet donc d'identifier IB à un quotient J du premier membre. Supposons donc par la suite donné un tel quotient, i.e. un épimorphisme de B_o-Bimodules

(8.2.1) $u : I\otimes_{A_o} B_o \longrightarrow J$,

et proposons-nous de déterminer les classes à isomorphisme près de couples (B,φ) correspondant à ce quotient.

8.3. Un tel couple, qui donne naissance à une suite exacte

(8.3.1) $0 \longrightarrow J \longrightarrow B \longrightarrow B_o \longrightarrow 0$, $J^2 = 0$,

définit en premier lieu une extension de A-Algèbres de B_o par J . D'ailleurs, chaque fois qu'on se donne une telle extension de A-Algèbres, comme $IB_o = 0$ donc $IB \subset J$, on en conclut un homomorphisme évident

(8.3.2) $u_B : I\otimes_{A_o} B_o \longrightarrow J$

dont l'image est IB . Ceci dit, on voit aussitôt que les couples (B,φ) correspondent, à isomorphisme près, aux extensions B de A-Algèbres de B_o par J, qui satisfont à la condition suivante :

(8.3.3) $u_B = u$.

On a donc reformulé le problème initial 8.1 en un problème qui entre dans le cadre étudié au numéro précédent. Ce dernier problème garde un sens, quel que soit l'homomorphisme de B_o-Bimodules donné (8.2.1) , dont il n'est plus nécessaire dans la suite de supposer que c'est un épimorphisme.

8.4. Lorsque dans le problème initial 8.1 on désire s'intéresser uniquement aux couples (B,φ) avec φ commutatif, cela revient évidemment à se borner dans la reformulation précédente aux extensions (8.3.1) qui sont commutatives, c'est-à-dire (avec les notations de 7.1) à travailler dans $\underline{\underline{E}}_3$ plutôt que $\underline{\underline{E}}_2$. D'ailleurs, les considérations qui précèdent auraient pu se formuler également, mutatis mutandis, en partant d'un problème de "variation de structure" pour des A-Anneaux (pas nécessairement des A-Algèbres), ce qui nous aurait ramené à reformuler le problème dans $\underline{\underline{E}}_1$. C'est pour la simplicité des notations que nous nous sommes bornés au cas des Algèbres, qui semble également le plus intéressant du point de vue pratique. Par la suite, nous nous bornons pour fixer les idées au cas des Algèbres commutatives, i.e. nous travaillerons dans $\underline{\underline{E}}_3$; il n'y aurait rien à changer essentiellement dans les deux autres cas.

8.5. Nous poserons

(8.5.1) $$L_{\cdot}^{B_o/A} = L_{\cdot}^{\underline{\underline{E}}_3} ,$$

complexe typique de la catégorie cofibrée $\underline{\underline{E}}_3 = \underline{\underline{\mathrm{Exalcom}}}_A(B_o,-)$ de 7.1 ,

et

(8.5.2) $$N_{B_o/A} = N_{\underline{\underline{E}}_3} = H_1(L_{\cdot}^{B_o/A}) .$$

Nous allons définir, en termes des seules données (8.1.1) et (8.1.2) de 8.1 , un homomorphisme canonique

(8.5.3) $$v : I\otimes_{A_o} B_o \longrightarrow N_{B_o/A} \quad .$$

Pour ceci, notons que (8.3.2) nous définit, pour un B_o-Module variable J, un homomorphisme fonctoriel

(8.5.4) $$E_3^1(J) = \mathrm{Exalcom}_A(B,J) \rightarrow \mathrm{Hom}_{B_o}(I\otimes_{A_o} B_o, J) \quad .$$

Comme le dernier foncteur est exact à gauche, la donnée d'un tel homomorphisme revient à la donnée d'un homomorphisme

$$R^oE_3^1(J) \longrightarrow \mathrm{Hom}_{B_o}(I\otimes_{A_o} B_o, J) \quad ,$$

où $R^oE_3^1$ désigne le foncteur exact à gauche associé à E_3^1 . Or ce dernier est représenté canoniquement par $N_{B_o/A}$ en vertu de 4.5 , de sorte qu'en définitive la donnée de (8.5.4) équivaut à la donnée d'un homomorphisme (8.5.3), qui est celui que nous voulions définir.

8.6. Interprétons maintenant la donnée d'une extension modulo isomorphisme (8.3.1) comme correspondant à la donnée d'un homomorphisme dans la catégorie dérivée $D(B_o)$:

(8.6.1) $$L_.^{B_o/A}[-1] \rightarrow J$$

induisant un homomorphisme caractéristique

(8.6.2) $$\chi_B : N_{B_o/A} \longrightarrow J \quad .$$

Ceci posé, on vérifie immédiatement à partir des définitions que l'homomorphisme u_B de (8.3.2) n'est autre que le composé

(8.6.3) $$u_B = \chi_B v : I\otimes_{A_o} B_o \longrightarrow N_{B_o/A} \longrightarrow J \quad .$$

Comme l'ensemble des classes d'isomorphie cherché, dans la formulation de 8.3, n'est autre que l'image inverse par (8.5.4) de l'élément u du deuxième membre, nous voyons donc que la solution du problème, en langage cohomologique, est donnée par l'homomorphisme composé

$$(8.6.4) \qquad \mathrm{Ext}^1(L.^{B_0/A},J) \longrightarrow \mathrm{Hom}(N_{B_0/A},J) \xrightarrow{\alpha \mapsto \alpha\circ v} \mathrm{Hom}(I\otimes_{A_0} B_0,J) \quad ,$$

en prenant l'image inverse de l'élément donné u du dernier membre dans $\mathrm{Ext}^1(L.^{B_0/A},J)$.

8.7. On trouve ainsi que l'ensemble de classes d'isomorphie cherché est soit vide, soit de façon naturelle un torseur (= ensemble principal homogène) sous le groupe noyau du composé (8.6.4). On peut se proposer d'expliciter l'obstruction à l'existence d'une solution du problème d'extension envisagé, et le noyau du composé (8.6.4) . Pour ceci, nous poserons pour abréger

$$(8.7.1) \qquad P = I\otimes_{A_0} B_0 \quad , \; L. = L.^{B_0/A} \; , \; N = N_{B_0/A} \quad ,$$

et nous introduirons le cône de l'homomorphisme $P[1] \to L.$ défini par (8.5.3) , de sorte qu'on a un triangle exact dans $D(\underline{C}_1)$:

$$(8.7.2) \qquad \begin{array}{ccc} & M. & \\ \swarrow & & \nwarrow \\ P[1] & \longrightarrow & L. \end{array} \qquad (*).$$

On a donc une suite exacte

$$(8.7.3) \qquad 0 \longrightarrow H_2(M.) \longrightarrow P \longrightarrow N \longrightarrow H_1(M) \longrightarrow 0 \; , \quad \text{et } H_0(M.) \simeq H_0(L.) \quad ,$$

les $H_i(M.)$ étant nuls pour $i \neq 0,1,2$. La suite exacte des Ext^i nous donne alors la suite exacte :

$$(8.7.4) \qquad 0 \longrightarrow \mathrm{Ext}^1(M.,J) \longrightarrow \mathrm{Ext}^1(L.,J) \longrightarrow \mathrm{Hom}(P,J) \longrightarrow \mathrm{Ext}^2(M.,J) \quad ,$$

(*) Utilisant la théorie de André-Quillen, globalisée par L. Illusie, on peut voir que M. est le tronqué à l'ordre 2 du complexe T^{B_0/A_0} de André-Quillen-Illusie , cf. 8.8.

où la flèche médiane n'est autre que le composé (8.6.4). Donc le noyau de ce dernier s'interprète comme $\mathrm{Ext}^1(M.,J)$, tandis que l'obstruction à trouver une solution du problème peut se définir comme l'image de $u \in \mathrm{Hom}(P,J)$ dans $\mathrm{Ext}^2(M.,J)$.

8.8. (Rédaction revue en Mai 1968). Introduisons aussi le quotient

(8.8.1) $$P' = (I\otimes_{A_o} B_o)/K \quad , \text{ où } K = \mathrm{Ker}\,(v : I\otimes_{A_o} B_o \longrightarrow N_{B_o/A}) \quad ,$$

de $P = I\otimes_{A_o} B_o$. Il est évident que l'homomorphisme $\mathrm{Ext}^1(L.,J) \rightarrow \mathrm{Hom}(P,J)$ de (8.7.4) se factorise à travers du sous-groupe $\mathrm{Hom}(P',J)$ de $\mathrm{Hom}(P,J)$, compte tenu de sa factorisation (8.6.4). On peut alors répéter l'argument de 8.7, en y remplaçant M. par le mapping-cône M. de l'homomorphisme naturel $P'[1] \rightarrow L.$ déduit de l'inclusion $P' \hookrightarrow H_1(L.) = N_{B_o/A}$. Or on verra plus bas (10.5.15) que ce mapping-cône est canoniquement isomorphe à $L.^{B_o/A_o}$. Par suite, la suite exacte (8.7.4) peut se remplacer par une suite exacte analogue :

(8.8.2) $$0 \rightarrow \mathrm{Ext}^1(L.^{B_o/A_o},J) \rightarrow \mathrm{Ext}^1(L.^{B_o/A},J) \rightarrow \mathrm{Hom}(P',J) \rightarrow \mathrm{Ext}^2(L.^{B_o/A_o},J) \quad ,$$

qui montre que l'ensemble des solutions du problème posé est vide ou un torseur sous le groupe $\mathrm{Ext}^1(L.^{B_o/A_o},J) \simeq \mathrm{Exalcom}_{A_o}(B_o,J)$, et que cet ensemble est non vide si et seulement si l'élément donné $u \in \mathrm{Hom}(P,J)$ est dans le sous-groupe $\mathrm{Hom}(P',J)$, et si son image dans $\mathrm{Ext}^2(L.^{B_o/A_o},J)$ est nulle.

Lorsqu'on utilise enfin les complexes $T.^{B/A}$ de Quillen et André, donnant naissance à un triangle exact (cf. 10.5.22) :

$$\begin{array}{ccc} & T.^{B_o/A_o} & \\ \swarrow & & \nwarrow \\ T.^{A_o/A} \overset{L}{\otimes} B_o & \longrightarrow & T.^{B_o/A} \end{array} \quad ,$$

la suite exacte des Ext correspondante fournit directement la suite exacte

(8.8.3) $$0 \rightarrow \mathrm{Ext}^1(T.^{B_o/A_o},J) \rightarrow \mathrm{Ext}^1(T.^{B_o/A},J) \rightarrow \mathrm{Hom}(I\otimes_{A_o} B_o,J) \rightarrow \mathrm{Ext}^2(T.^{B_o/A_o},J) \quad ,$$

plus naturelle que (8.7.4) et (8.8.2), et qui sauf pour le dernier terme est essentiellement identique à (8.7.4). On obtient ici un premier exemple concret d'un problème d'obstructions où le complexe de Quillen et André $T.^{B_o/A_o}$ s'introduit naturellement, de préférence à son pâle tronqué $L.^{B_o/A_o}$ auquel nous nous bornons dans le présent travail.

8.9. Terminons ce numéro par quelques remarques sur les applications des résultats de ce numéro et du précédent à la théorie des schémas.

8.9.1. Il est clair tout d'abord que dans le cas de topos annelés provenant d'espaces topologiques annelés, ces résultats peuvent se formuler directement en termes d'espaces annelés, sans utiliser le langage des topos. Ainsi, si $f : X \longrightarrow Y$ est un morphisme d'espaces annelés (commutativement), on définit sur X un complexe de Modules $L_{\cdot}^{X/Y}$ (notation de 9.1.7), défini à isomorphisme unique près dans la catégorie dérivée D(X) de la catégorie des Modules sur X, de telle façon que pour tout Module J sur X, on ait une bijection canonique

$$\mathrm{Exalcom}_{f^{-1}(\underline{O}_Y)}(\underline{O}_X, J) \simeq \mathrm{Ext}^1(L_{\cdot}^{X/Y}, J) \quad ,$$

et de même un isomorphisme canonique entre $\mathrm{Ext}^0(L_{\cdot}^{X/Y}, J)$ et le groupe des automorphismes d'extensions de $f^{-1}(\underline{O}_Y)$-Algèbres de n'importe quelle extension de $\underline{O}_X$ par J (comme idéal de carré nul). On peut aussi interpréter les extensions d'Algèbres dont il s'agit dans le langage plus géométrique des immersions d'ordre 1 d'espaces annelés (comparer 11.2.3) : il s'agit des espaces annelés X' sur Y, ayant même espace sous-jacent que X, munis d'un Y-morphisme $X \longrightarrow X'$ qui induit l'identité sur les espaces sous-jacents, et qui est une "immersion d'ordre 1" i.e. induit un homomorphisme $\underline{O}_{X'} \longrightarrow \underline{O}_X$ qui est un épimorphisme à noyau de carré nul.

8.9.2. Ceci posé, si on suppose que $f : X \longrightarrow Y$ est un morphisme de <u>schémas</u>, et si J est un Module <u>quasi-cohérent</u> sur X, alors on voit que les extensions infinitésimales X' de X par J sur Y sont eux-mêmes des Y-schémas. Le fait que X' soit un schéma résulte aussitôt de EGA 1 2e édition 5.1.9 , et le fait que $X' \longrightarrow Y$ soit un morphisme de schémas i.e. un morphisme "admissible" d'espaces localement annelés, résulte immédiatement du fait qu'il en est de même de $f : X \longrightarrow Y$ et que $i : X \longrightarrow X'$ est une immersion nilpotente. Par suite, le Ext^1 précédent peut aussi s'interpréter, en termes plus géométriques, comme l'ensemble des classes, à isomorphisme près, de Y-schémas X' munis d'un Y-morphisme $X \longrightarrow X'$ qui est une immersion d'ordre 1, à Idéal d'augmentation égal à J.

8.9.3. Considérons maintenant une immersion d'ordre 1

$$Y_o \longrightarrow Y$$

de schémas, et un Y_o-schéma X_o. On se propose de classifier, à isomorphisme près, les couples (X,φ) formés d'un Y-schéma X et d'un Y_o-isomorphisme

$$\varphi : X x_Y Y_o \xrightarrow{\sim} X_o \quad .$$

Les remarques faites dans 8.9.1 et 8.9.2 permettent d'appliquer les résultats des sections précédentes à ce problème. On trouve en particulier que l'ensemble des classes cherché, correspondant à un quotient quasi-cohérent donné J de $I \otimes_{Y_o} X_o$, est de façon naturelle un pseudo-torseur (i.e. vide ou un torseur) sous le groupe noyau de l'homomorphisme composé naturel (8.6.4), prenant ici la forme

$$\mathrm{Ext}^1(L.^{X_o/Y}, J) \longrightarrow \mathrm{Hom}(N_{X_o/Y}, J) \longrightarrow \mathrm{Hom}(I \otimes_{Y_o} X_o, J) \quad .$$

On explicite de même comme dans 8.7 l'obstruction à l'existence d'une solution, qui est un objet dans un certain groupe $\mathrm{Ext}^2(M., J)$ calculé sur X_o, dont l'annulation est nécessaire et suffisante pour que le pseudo-torseur précédent soit non vide, i.e. soit un torseur.

9. Propriétés générales du complexe cotangent relatif.

Dans le présent numéro, nous donnerons quelques compléments sur le complexe introduit dans le numéro 7, dans le cas des faisceaux d'anneaux commutatifs, le plus intéressant semble-t-il pour les applications à présent.

9.1. Notations. Comme au numéro 7, nous considérons un topos S muni d'un Anneau A et d'une A-Algèbre B, A et B étant maintenant supposés commutatifs, et nous nous intéressons à la classification des extensions d'Algèbres commutatives de B par des idéaux de carré nul, qui sont donc les objets de la catégorie cofibrée sur Mod(B) notée $\underline{\underline{E}}_3$ ou $\underline{\mathrm{Exalcom}}_A(B,-)$ dans 7.1. Le complexe typique $L_\cdot^{\underline{\underline{E}}_3} = \mathrm{Compalcom}_\cdot^{B/A}$ correspondant, objet de la catégorie dérivée D(B) de Mod(B) (7.4.2.4), sera noté par la suite

(9.1.1) $$L_\cdot^{B/A} = \mathrm{Compalcom}_\cdot^{B/A} ,$$

ces objets de cohomologie seront notés

(9.1.2) $$\Omega^1_{B/A} = H_0(L_\cdot^{B/A}) = \mathrm{Diffalcom}_{B/A} ,$$

(9.1.3) $$N_{B/A} = H_1(L_\cdot^{B/A}) = N_{\underline{\underline{E}}_3} .$$

Nous appellerons $L_\cdot^{B/A}$ le complexe cotangent relatif de la A-Algèbre B, ou de B sur A, et $N_{B/A}$ sera appelé le Module cotangent relatif de B sur A. Quant à $\Omega^1_{B/A}$, c'est le classique Module des différentielles (de Kähler) de B sur A, la notation utilisée ici étant celle de SGA 1 I et EGA IV 16 .

Lorsque $A \longrightarrow B$ est un épimorphisme, i.e. qu'on a un A-isomorphisme

$$B \simeq A/I ,$$

I un Idéal de A, alors

(9.1.4) $$\Omega^1_{B/A} = 0 \quad \text{et} \quad N_{B/A} \simeq I/I^2 \quad ,$$

(isomorphismes canoniques), d'où un isomorphisme

(9.1.5) $$L_.^{B/A} \simeq N_{B/A}[1] \quad .$$

La deuxième relation (9.1.4) justifie dans une certaine mesure le nom "Module cotangent relatif" donné à $N_{B/A}$.

Supposons maintenant que nous ayons un morphisme

(9.1.5) $$f : X \longrightarrow Y$$

de topos annelés (commutativement), dont les Anneaux seront notés $\underline{O}_X$ et $\underline{O}_Y$. La donnée de f consiste en la donnée d'un morphisme de topos, noté également f, et d'un homomorphisme d'Anneaux sur X :

(9.1.6) $$f^{-1}(\underline{O}_Y) \longrightarrow \underline{O}_X \quad (*) \quad .$$

On posera alors

(9.1.7) $$L_.^{X/Y} = L_.^{\underline{O}_X/f^{-1}(\underline{O}_Y)} \ , \ \Omega^1_{X/Y} = \Omega^1_{\underline{O}_X/f^{-1}(\underline{O}_Y)} \ , \ N_{X/Y} = N_{\underline{O}_X/f^{-1}(\underline{O}_Y)} \ .$$

Les objets ainsi introduits s'appelleront respectivement le <u>complexe cotangent relatif de</u> X <u>sur</u> Y, <u>le Module des différentielles relatives de</u> X <u>sur</u> Y, <u>et le Module cotangent relatif de</u> X <u>sur</u> Y .

<u>Remarque</u> 9.1.8. En fait, il faut considérer la terminologie de "complexe cotangent relatif" introduite ici comme provisoire. En effet, D.G. Quillen [14] arrive à définir un complexe de chaines $T_.^{B/A}$ sur S , défini à isomorphisme près dans la catégorie dérivée D(B), complexe

(*) Nous notons f^{-1} le foncteur "image inverse de faisceaux d'ensembles" associé à un morphisme f de topos.

dont les propriétés sont nettement plus satisfaisantes que celles de $L_{\bullet}^{B/A}$, qu'il faut considérer comme un <u>tronqué</u> de $T_{\bullet}^{B/A}$ (par tuage des objets d'homologie H_i pour $i \geq 2$). C'est plutôt $T_{\bullet}^{B/A}$ qui mériterait le nom de complexe cotangent relatif, sa connaissance étant considérablement plus riche que celle de son tronqué $L_{\bullet}^{B/A}$ (*).

9.2. <u>Rappels des propriétés essentielles</u>. L'intérêt principal pour nous réside ici dans les isomorphismes canoniques, fonctoriels en l'objet J de Mod(B)

(9.2.1) $$\mathrm{Ext}^{0}(L_{\bullet}^{B/A},J) = \mathrm{Dér}_A(B,J)\ ,\ \mathrm{Ext}^{1}(L_{\bullet}^{B/A},J) = \mathrm{Exalcom}_A(B,J)\ ,$$

qui peuvent se préciser par une description de la catégorie cofibrée exacte à gauche $\mathrm{Exalcom}_A(B,-)$ sur Mod(B), à équivalence sur Mod(B) près, en termes de $L_{\bullet}^{B/A}$, comme la catégorie $\underline{\Psi}_{L_{\bullet}^{B/A}}$ (6.10).

Supposons maintenant que l'on ait un Idéal I de B, soit

(9.2.2) $$C = B/I\ ,$$

on obtient alors une suite exacte canonique

(9.2.3) $$N_{C/A} \longrightarrow I/I^2 \xrightarrow{d} \Omega^1_{B/A}\otimes_B C \longrightarrow \Omega^1_{C/A} \longrightarrow 0\ .$$

Seules la flèche de gauche et l'exactitude en I/I^2 sont en cause. Or soit

(9.2.4) $$E = B/I^2\ ,$$

qui est donc une extension de A-algèbres de C par I/I^2 comme idéal de carré nul. Or on voit aussitôt qu'on a un isomorphisme canonique

$$\Omega^1_{B/A}\otimes_B C \xrightarrow{\sim} \Omega^1_{E/A}\otimes_B C\ ,$$

moyennant lequel l'opérateur d de (9.2.3) s'identifie à l'opérateur

(*) Voir note de bas de page, p.164.

différentiel du complexe typique de l'extension E de C par I/I^2 (7.2).
Alors la flèche de gauche de (9.2.3) est définie comme <u>l'homomorphisme caractéristique</u> de l'extension E (4.3), et la suite exacte est un cas particulier de la suite exacte (4.3.1).

Nous retrouverons par une autre voie cette suite exacte au numéro suivant (cf. 10.5.23), où nous arriverons à la prolonger d'un cran sur la gauche, par adjonction d'un terme $N_{B/A,C}$; dans la théorie de Quillen, cette suite exacte s'insère même dans une suite exacte infinie "de transitivité" bien plus belle...

9.3. <u>Fonctorialités</u>. Considérons d'abord, dans le topos S, un diagramme commutatif d'Anneaux commutatifs

(9.3.1)
$$\begin{array}{ccc} B & \longrightarrow & B' \\ \uparrow & & \uparrow \\ A & \longrightarrow & A' \end{array} .$$

On en déduit un diagramme commutatif de foncteurs

(9.3.2)
$$\begin{array}{ccc} \underline{\mathrm{Exalcom}}_{A'}(B',-) & \longrightarrow & \underline{\mathrm{Exalcom}}_{A}(B,-) \\ \downarrow & & \downarrow \\ \mathrm{Mod}(B') & \xrightarrow{\rho} & \mathrm{Mod}(B) \end{array} ,$$

où les flèches verticales sont les projections structurales des catégories cofibrées envisagées, la deuxième flèche horizontale est la restriction des scalaires de B' à B (qui est un foncteur exact), enfin la première flèche horizontale associe à l'extension E' de A'-Algèbres de B' par J' son image inverse (en tant qu'extension de A-Algèbres) par B $\longrightarrow$B'. Conformément à la théorie générale 6.16.1 , on déduit de ce diagramme un homomorphisme

(9.3.4) $$\rho(L_{\bullet}^{B/A}) \longrightarrow L_{\bullet}^{B'/A'} \quad ,$$

ou ce qui revient au même, un homomorphisme canonique

(9.3.5) $$L_{\bullet}^{B/A} \overset{L}{\otimes}_{B} B' \longrightarrow L_{\bullet}^{B'/A'} \quad ,$$

dont la connaissance permet de reconstituer (à isomorphisme unique près) le foncteur précédent

$$\underline{\mathrm{Exalcom}}_{A'}(B',-) \longrightarrow \underline{\mathrm{Exalcom}}_{A}(B,-) \quad .$$

Notons aussi que (9.3.4) induit des homomorphismes de B-modules

(9.3.6) $$\Omega^1_{B/A} \longrightarrow \Omega^1_{B'/A'} \quad , \quad N_{B/A} \longrightarrow N_{B'/A'} \quad ,$$

dont le premier est l'homomorphisme bien connu déduit de la propriété universelle des Modules de différentielles.

Revenons de nouveau à la situation où on se donne seulement A et B sur S, mais donnons nous de plus un morphisme de topos

(9.3.7) $$f : S' \longrightarrow S \quad .$$

Posons

$$A' = f^{-1}(A) \ , \quad B' = f^{-1}(B) \quad ,$$

de sorte que B' est une A'-algèbre commutative. D'après les propriétés d'exactitude du foncteur f^{-1} "image inverse de faisceaux d'ensembles" , on déduit de (9.3.7) un diagramme commutatif de foncteurs

$$(9.3.8)\qquad \begin{array}{ccc} \underline{\mathrm{Exalcom}}_A(B,-) & \longrightarrow & \underline{\mathrm{Exalcom}}_{A'}(B',-) \\ \downarrow & & \downarrow \\ \mathrm{Mod}(B) & \xrightarrow{f^{-1}} & \mathrm{Mod}(B') \end{array} ,$$

la deuxième flèche horizontale étant un foncteur exact. D'après la théorie générale 6.16.1 , on déduit de ce diagramme un homomorphisme canonique

$$(9.3.9)\qquad f^{-1}(L_{\cdot}^{B/A}) \longleftarrow L_{\cdot}^{B'/A'} ,$$

dont la connaissance permet de reconstituer (à isomorphisme unique près) le foncteur précédent

$$\underline{\mathrm{Exalcom}}_A(B,-) \longrightarrow \underline{\mathrm{Exalcom}}_{A'}(B',-) .$$

L'homomorphisme précédent induit des homomorphismes des objets de cohomologie

$$(9.3.10)\qquad f^{-1}(\Omega^1_{B/A}) \to \Omega^1_{B'/A'} , \quad f^{-1}(N_{B/A}) \to N_{B'/A'} ,$$

dont le premier est encore l'homomorphisme bien connu.

<u>Proposition</u> 9.3.11. a) <u>Dans la situation</u> (9.3.7), <u>l'homomorphisme</u> (9.3.9) (<u>donc aussi les homomorphismes correspondants</u> (9.3.10)) <u>sont des isomorphismes</u>.

b) <u>Dans la situation</u> (9.3.1), <u>supposons que</u> A' <u>soit</u> A-<u>plat et que le carré envisagé soit cocartésien</u> (i.e. <u>définisse un isomorphisme</u> $B' \simeq B\otimes_A A'$) . <u>Alors</u> (9.3.5) <u>est un isomorphisme</u>, <u>et par suite on en conclut via</u> (9.3.6) <u>des isomorphismes</u>

$$\Omega^1_{B'/A'} \simeq \Omega^1_{B/A} \otimes_B B' , \quad N_{B'/A'} \simeq N_{B/A} \otimes_B B' .$$

Choisissons en effet un homomorphisme de faisceaux d'ensembles (7.4.1.3) qui engendre B en tant que A-Algèbre, et utilisons-le pour calculer le complexe typique $L_{\cdot}^{B/A}$ suivant la méthode de 7.4. Dans le cas a), soit $\varphi'_o : T' \longrightarrow B'$ l'homomorphisme déduit de φ_o en appliquant le foncteur f^{-1}, et utilisons cet homomorphisme (qui engendre encore B' comme A'-Algèbre) pour calculer $L_{\cdot}^{B'/A'}$. Utilisant les propriétés d'exactitude du foncteur f^{-1}, on voit que celui-ci commute à la formation du complexe typique d'une extension d'Algèbres, ce qui implique aussitôt le résultat annoncé. On procède de façon toute analogue dans le cas b).

Utilisant a) ci-dessus, nous allons définir une fonctorialité mixte pour le complexe $L_{\cdot}^{B/A}$, combinant les deux fonctorialités qu'on vient de décrire. Considérons donc un diagramme commutatif de topos annelés

(9.3.12) $$\begin{array}{ccc} X & \xleftarrow{\ h\ } & X' \\ {\scriptstyle f}\downarrow & & \downarrow{\scriptstyle f'} \\ Y & \xleftarrow{\ g\ } & Y' \end{array}$$

nous allons en déduire un morphisme dans D(X')

(9.3.13) $$\mathbb{L}h^{*}(L_{\cdot}^{X/Y}) \longrightarrow L_{\cdot}^{X'/Y'}$$

de la façon suivante. Posons

$$A = f^{-1}(\underline{O}_Y),\ B = \underline{O}_X\ ,\ A'_o = h^{-1}(A) = (fh)^{-1}(\underline{O}_Y)\ ,\ B'_o = h^{-1}(B)\ ,$$

$$A' = f'^{-1}(\underline{O}_{Y'})\ ,\ B' = \underline{O}_{X'}\ .$$

On a donc sur X' un diagramme commutatif d'Anneaux commutatifs

(9.3.14) $$\begin{array}{ccc} B'_o & \longrightarrow & B' \\ \uparrow & & \uparrow \\ A'_o & \longrightarrow & A' \end{array} ,$$

qui donne naissance à un homomorphisme du type (9.3.5)

$$(*) \qquad L_{\cdot}^{B'_o/A'_o} \longrightarrow L_{\cdot}^{B'/A'} = L_{\cdot}^{X'/Y'} \quad .$$

D'autre part, on a un homomorphisme du type (9.3.9)

$$(**) \qquad h^{-1}(L_{\cdot}^{B/A}) = h^{-1}(L_{\cdot}^{X/Y}) \longleftarrow L_{\cdot}^{B'_o/A'_o} \quad ,$$

qui est un isomorphisme en vertu de 9.3.11 a) . Composant l'inverse de l'isomorphisme (**) avec l'homomorphisme (*) , on trouve l'homomorphisme annoncé (9.3.13). On en conclut également des homomorphismes

$$(9.3.15) \qquad h^{-1}(\Omega^1_{X/Y}) \rightarrow \Omega^1_{X'/Y'} \quad , \quad h^{-1}(N_{X/Y}) \longrightarrow N_{X'/Y'} \quad .$$

On conclut aussitôt de la construction qui précède, et de 9.3.11 b) :

Corollaire 9.3.16. Sous les conditions du diagramme (9.3.12), si g est plat et le diagramme (9.3.14) cocartésien i.e. $B' \longleftarrow B'_o \otimes_{A'_o} A'$, alors (9.3.13) (et par suite également (9.3.15)) est un isomorphisme.

Comme cas particulier de ceci ou de 9.3.11 a), on trouve :

Corollaire 9.3.17. Soit $f : X \longrightarrow Y$ un morphisme de topos annelés. Alors pour tout objet S de Y et tout objet T de X au-dessus de S, considérant le morphisme induit $X_{/T} \longrightarrow X_{/S}$, on a un isomorphisme canonique

$$L_{\cdot}^{X_{/T}/Y_{/S}} \simeq L_{\cdot}^{X/Y}|\, T$$

(compatibilité de la formation du complexe cotangent relatif avec la localisation en haut).

Un énoncé essentiellement équivalent est le suivant : étant donné $A \longrightarrow B$ sur le topos S , et un objet U de S , on a un isomorphisme canonique

$$L_{\bullet}^{(B|U)/(A|U)} \simeq L_{\bullet}^{B/A}|U \quad .$$

9.3.18. Il resterait, pour compléter cette section, à donner un résultat de transitivité pour les homomorphismes de la forme (9.3.13). Arrivé à ce point, le rédacteur déclare forfait. Il ne doute pas plus que le lecteur de la formule de transitivité (qu'il se dispense d'expliciter), qui n'a pas l'air d'autre part d'être entièrement triviale (*).

9.4. Propriétés de quasi-cohérence, de cohérence et de perfection.

Alors que les propriétés développées dans les sections précédentes 9.1 à 9.3 sont essentiellement indépendantes des hypothèses de commutativité faites, il n'en sera plus de même pour celles qui vont suivre, où nous porterons notre attention sur le cas d'un morphisme de schémas

$$f : X \longrightarrow Y \quad . \tag{9.4.1}$$

Supposons d'abord X et Y affines, d'anneaux B resp. A. Nous nous proposons de donner un mode de calcul de $L_{\bullet}^{X/Y}$ (cf. 9.4.5).

9.4.2 Considérons d'abord des homomorphismes d'Anneaux commutatifs

$$A \longrightarrow B \longrightarrow C$$

dans un topos quelconque, d'où un homomorphisme canonique (9.3.5) :

$$[L_{\bullet}^{B/A} \overset{L}{\otimes}_B C] \longrightarrow L_{\bullet}^{C/A} \quad , \tag{*}$$

où les crochets dans le premier membre désignent le tronqué de longueur 1. Pour un C-Module variable, et pour i = 0, 1, on en déduit un homomorphisme fonctoriel

(*) Elle devient triviale dans le point de vue de L. Illusie, cf. sa thèse déjà citée.

$$(**)\qquad \mathrm{Ext}^i_C(L^{C/A}_{\cdot},M) \longrightarrow \mathrm{Ext}^i_C(\,[\,L^{B/A}_{\cdot}\overset{\mathbb{L}}{\otimes}_B C\,]\,,M) \xrightarrow{\sim} \mathrm{Ext}^i_C(L^{B/A}_{\cdot}\overset{\mathbb{L}}{\otimes}_B C,M) \xrightarrow{\ \wr\ } \mathrm{Ext}^i_B(L^{B/A}_{\cdot},M)\ ,$$

où la dernière flèche est la flèche d'adjonction habituelle. Par construction même de $(*)$, l'homomorphisme composé $(**)$ s'identifie, moyennant les isomorphismes (9.2.1) , à l'homomorphisme fonctoriel

$$E^i_{C/A}(M) \longrightarrow E^i_{B/A}(M)$$

déduit du foncteur qui, à chaque extension infinitésimale de C par M sur A, associe l'image inverse de cette extension par le A-homomorphisme $B \longrightarrow C$. Par suite, pour que l'homomorphisme $(*)$ soit un isomorphisme dans la catégorie dérivée D(C), il faut et il suffit que le foncteur précédent soit une équivalence de catégories.

9.4.3 Montrons que cette dernière condition est vérifiée lorsque C est de la forme BS^{-1}, où S est un sous-faisceau d'ensembles de B (et le localisé BS^{-1} est défini par la propriété universelle habituelle, et se construit à la façon habituelle comme le faisceau associé à un préfaisceau $U \longmapsto B(U)S(U)^{-1}\ldots$) . Pour le voir, nous allons indiquer un foncteur en sens inverse, en laissant au lecteur le soin de prouver qu'il est bien un quasi-inverse du foncteur envisagé dans 9.4.2. Or soit E une extension de B par M (où plutôt le B-Module déduit du C-Module M par restriction des scalaires) sur A. Soit T le sous-faisceau d'ensembles de E image inverse du sous-faisceau S de B ; on voit tout de suite que ET^{-1} est une extension de BT^{-1} par MT^{-1}, et que $BT^{-1} = BS^{-1} = C$, et que $MT^{-1} = MS^{-1} = M$ (car M est en fait un C-Module), de sorte que ET^{-1} est une extension de C par M. Elle dépend évidemment fonctoriellement de E, ce qui donne le foncteur annoncé.

9.4.4. Il faut encore donner un moyen permettant de reconnaître qu'une Algèbre C sur B est isomorphe à une Algèbre de la forme BS^{-1}. Pour ceci, notons qu'on peut toujours prendre dans ce cas pour S l'image inverse du sous-faisceau d'ensembles C^* des sections inversibles de C, et la question revient donc à celle de savoir si l'homomorphisme canonique

$$BS^{-1} \longrightarrow C$$

est un isomorphisme. Comme la formation de S (en termes de $B \longrightarrow C$) commute à tout foncteur image inverse relatif à un morphisme de topos, et en particulier au passage aux fibres, on voit que lorsque le topos envisagé admet suffisamment de "points" x , alors C est de la forme BS^{-1} si et seulement si pour tout x, C_x est de la forme $B_x S_x^{-1}$ (pour une partie convenable S_x de B_x). Revenant à la situation (9.4.1), on voit que cette condition est vérifiée en particulier pour l'homomorphisme d'Anneaux sur X

$$f^{-1}(\underline{O}_Y) \otimes_A B \longrightarrow \underline{O}_X \quad ,$$

l'étant fibre par fibre.

Considérons alors sur X le carré commutatif d'Anneaux

$$\begin{array}{ccc} f^{-1}(\underline{O}_Y) = A' & \longrightarrow & \underline{O}_X = B' \\ \uparrow & & \uparrow \\ A_X & \longrightarrow & B_X \end{array} \quad ,$$

où A_X et B_X désignent les Anneaux constants de valeur A et B, et par suite (9.3.5) on obtient un homomorphisme canonique

$$L_{\cdot}^{B_X/A_X} \otimes_{B_X} B' \longrightarrow L_{\cdot}^{B'/A'} = L_{\cdot}^{X/Y} \quad ,$$

où dans le premier membre il est inutile de mettre le signe $\overset{L}{\otimes}$ et de tronquer, grâce au fait que B' est plat sur B_X. D'ailleurs on a $L_{\cdot}^{B_X/A_X} \simeq (L_{\cdot}^{B/A})_X$ (9.3.11 a)), de sorte que notre homomorphisme s'écrit

$$L_{\cdot}^{B/A} \otimes_B \underline{O}_X = \widetilde{L_{\cdot}^{B/A}} \longrightarrow L_{\cdot}^{X/Y} \quad ,$$

où le premier membre n'est autre que le complexe de Modules quasi-cohérent sur X = Spec(B) associé au complexe de B-modules $L_{\cdot}^{B/A}$.

Ceci posé, je dis que l'homomorphisme précédent est un <u>isomorphisme</u>. Pour le voir, introduisons aussi $B_1 = B_X \otimes_{A_X} A'$, de sorte qu'on a le diagramme commutatif

$$\begin{array}{ccccc} A' & \longrightarrow & B_1 & \longrightarrow & B' \\ \uparrow & & \uparrow & & \\ A_X & \longrightarrow & B_X & & \end{array} \quad ,$$

et que l'homomorphisme envisagé se déduit de l'homomorphisme analogue

$$u : L_{\cdot}^{B_X/A_X} \otimes_{B_X} B_1 \longrightarrow L_{\cdot}^{B_1/A'}$$

en tensorisant sur B_1 par B', et en composant avec

$$v : L_{\cdot}^{B_1/A'} \otimes_{B_1} B' \longrightarrow L_{\cdot}^{B'/A'} \quad .$$

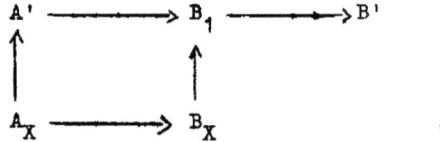

Or, on a vu dans 9.4.2 et 9.4.3 que v est un isomorphisme (B' étant un localisé de B_1), et dans (9.3.11.b)) qu'il en est de même de u, A' étant plat sur A_X . Il en est donc de même du composé vu. On obtient donc :

<u>Proposition</u> 9.4.5. <u>Si</u> $f : X \longrightarrow Y$ <u>est un morphisme de schémas affines d'anneaux</u> B,A , <u>on a un isomorphisme canonique de complexes dans</u> D(X) :

$$L_{\cdot}^{X/Y} \simeq \widetilde{L_{\cdot}^{B/A}} \quad ,$$

<u>où le signe</u> $\sim$ <u>désigne le faisceau quasi-cohérent associé à un</u> B-<u>module</u>.

De cette description résulte en particulier que les Modules de cohomologie $\Omega^1_{X/Y}$ et $N_{X/Y}$ de $L_{\cdot}^{X/Y}$ sont quasi-cohérents, et qu'ils sont cohérents dans le cas noéthérien et X de type fini sur Y, -faits d'ailleurs bien connus pour $\Omega^1_{X/Y}$. Utilisant le résultat de localisation 9.3.17, on trouve donc le

<u>Corollaire</u> 9.4.6. <u>Soit</u> $f : X \longrightarrow Y$ <u>un morphisme de schémas</u>. <u>Alors les faisceaux de cohomologie</u> $\Omega^1_{X/Y}$ <u>et</u> $N_{X/Y}$ de $L_{\cdot}^{X/Y}$ <u>sont quasi-cohérents</u>, <u>et même cohérents si</u> Y <u>est localement noéthérien et</u> f <u>localement de type fini</u>. <u>Enfin</u>, <u>si</u> f <u>est un morphisme d'intersection complète</u> (SGA 6 VII), <u>alors</u> $L_{\cdot}^{X/Y}$ <u>est un complexe parfait</u> (SGA 6 I) <u>d'amplitude parfaite contenue dans l'intervalle</u> $[-1,0]$.

Il reste seulement à prouver la dernière assertion, pour laquelle on est encore ramené au cas affine. Ecrivant $B = A[T_1,\dots,T_n]/I$, on sait alors que I/I^2 est un B-module projectif de type fini (SGA 6 VII). Comme $\Omega^1_{C/A}$ est libre de type fini sur C, donc son produit tensoriel par B est libre de type fini sur B, il en résulte que $L_{\cdot}^{B/A}$ est parfait d'amplitude parfaite contenue dans $[-1,0]$, d'où la même conclusion pour $L_{\cdot}^{X/Y}$.

Remarque 9.4.7. Lorsque f est un morphisme d'intersection complète, donc $L_{\cdot}^{X/Y}$ est parfait, on peut considérer l'élément

$$cl^{\cdot}(L_{\cdot}^{X/Y}) \in K^{\cdot}(X) \quad ,$$

où le deuxième membre est défini comme le groupe des classes de la catégories triangulée des complexes parfaits sur X (SGA 6 IV). Cet élément joue le rôle d'un fibré cotangent relatif virtuel pour le morphisme f, et joue un rôle important dans la formulation du théorème de Riemann-Roch pour f (SGA 6 Exp. 0). Le fait que dans le cas d'un morphisme d'intersection complète les propriétés cohomologiques de $L_{\cdot}^{X/Y}$ soient irréprochables s'explique d'ailleurs, grâce au fait que dans ce cas particulier, $L_{\cdot}^{X/Y}$ coïncide avec le "vrai" complexe cotangent relatif de Quillen déjà mentionné (9.1.8).

Remarque 9.4.8. Supposons que X soit quasi-compact et séparé. Alors on sait par J. L. Verdier (SGA 6 II 3) que la catégorie Qcoh(X) des Modules quasi-cohérents sur X a assez d'injectifs, et que le foncteur naturel

$$D^{+}(Qcoh(X)) \longrightarrow D^{+}(X)$$

est pleinement fidèle et a pour image essentielle la sous-catégorie pleine de $D^{+}(X)$ formée des complexes à cohomologie quasi-cohérente. Il s'ensuit que l'assertion de quasi-cohérence dans 9.4.6 (lorsque X est quasi-compact et séparé) peut se formuler aussi en disant que $L_{\cdot}^{X/Y}$ est dans l'image essentielle de $D^{+}(Qcoh(X))$, et définit donc un objet bien déterminé à isomorphisme unique près de $D^{+}(Qcoh(X))$. Mais on observera que nous n'avons su décrire ce dernier objet qu'en utilisant une méthode nous obligeant à sortir de la catégorie (trop restreinte) des Modules quasi-cohérents (cf. construction dans 7.4).

9.5. Comparaison de $L_{\cdot}^{X/Y}$ avec un complexe de différentielles. Relations avec les morphismes formellement lisses.

Lorsqu'on a des homomorphismes d'Anneaux

(9.5.1) $$k \longrightarrow A \longrightarrow B$$

sur le topos S, on a vu dans 7.5 (cf. dernière flèche verticale de (7.5.2)) qu'on a un homomorphisme canonique dans D(B)

(9.5.2) $$L_{\cdot}^{B/A} \to [\Omega^1_{A/k} \otimes_A B \to \Omega^1_{B/A}] \quad ,$$

qui induit un isomorphisme pour les H_0 , un épimorphisme pour les H_1. Utilisant ce dernier fait, on trouve donc une suite exacte canonique :

(9.5.3) $$N_{B/A} \to \Omega^1_{A/k} \otimes_A B \to \Omega^1_{B/k} \to \Omega^1_{B/A} \to 0 \quad .$$

Nous verrons (10.5.23) comment on peut prolonger de deux crans sur la gauche cette suite exacte, en lui ajoutant deux nouveaux termes $N_{B/k}$ et $N_{A/k}$; chez Quillen, cette suite exacte apparait d'ailleurs encore comme un morceau d'une suite exacte infinie "de transitivité". Rappelons aussi (7.5.4) que (9.5.2) est un quasi-isomorphisme si et seulement si pour tout B-Module injectif J, toute extension commutative de A-Algèbre de B par J splitte en tant que extension de k-Algèbres.

Interprétons ces rappels dans les notations des topos annelés relatifs, en partant de morphismes de topos annelés

(9.5.4) $$X \xrightarrow{f} Y \xrightarrow{g} Z \quad .$$

On trouve alors un homomorphisme dans D(X) :

(9.5.2.bis) $$L_{\cdot}^{X/Y} \longrightarrow \left[g^{*}(\Omega^1_{Y/Z}) \to \Omega^1_{X/Z}\right] \quad ,$$

induisant un isomorphisme sur les faisceaux H_o , un épimorphisme sur les H_1 , d'où une suite exacte

(9.5.3.bis) $$N_{X/Y} \longrightarrow g^{*}(\Omega^1_{Y/Z}) \to \Omega^1_{X/Z} \to \Omega^1_{X/Y} \longrightarrow 0 \quad ,$$

Proposition 9.5.5. Si on a des morphismes de schémas (9.5.4) tels que gf soit formellement lisse (EGA IV 17.1.1), alors l'homomorphisme (9.5.2.bis) dans D(X) est un quasi-isomorphisme, en d'autres termes la suite (9.5.3.bis) reste exacte en lui ajoutant un zéro sur la gauche.

En vertu du critère de quasi-isomorphie rappelé plus haut, il suffit de prouver le résultat suivant :

Proposition 9.5.6. Soit $f : X \longrightarrow Y$ un morphisme formellement lisse de schémas, alors on a

$$N_{X/Y} = 0 \quad ;$$

en d'autres termes, pour tout $\underline{O}_X$-Module injectif J, toute extension de $f^{-1}(\underline{O}_Y)$-Algèbres de $\underline{O}_X$ par J est triviale.

En effet, sous la forme de la relation $N_{X/Y} = 0$, on voit sur 9.3.17 que la question est locale sur X, ce qui nous permet de supposer X et Y affines, d'anneaux B resp. A, tels que B soit formellement lisse sur A (EGA 0_{IV} 19.3.1), et il suffit d'utiliser le

Lemme 9.5.7. Soient A un anneau commutatif, B une A-algèbre commutative. Pour que B soit formellement lisse sur A, il faut et il suffit que $N_{B/A} = 0$ et que $\Omega^1_{B/A}$ soit un module projectif sur B ; en d'autres termes, que l'on ait un isomorphisme

$$L_{\cdot}^{B/A} \simeq N ,$$

où N est un B-module projectif.

Cet énoncé n'est autre en effet que le critère jacobien de lissité formelle (EGA 0_{IV} 22.6.1).

Remarques 9.5.8. Soit $f : X \longrightarrow Y$ un morphisme de schémas. Nous dirons que f est localement formellement lisse si on peut recouvrir X par des ouverts X_i qui sont formellement lisses sur Y. Evidemment, si f est formellement lisse, il est localement formellement lisse ; j'ignore si la réciproque est vraie en général. C'est ce qui est affirmé hâtivement dans (EGA IV 17.1.6), mais la démonstration n'est valable que lorsqu'on suppose $\Omega^1_{X/Y}$ de présentation finie, par exemple si f est localement de type fini. Le lemme 9.5.7 implique aussitôt le critère suivant : pour que f soit localement formellement lisse, il faut et il suffit que l'on ait $N_{X/Y} = 0$ et que $\Omega^1_{X/Y}$ soit "localement projectif" dans le sens suivant : on peut recouvrir X par des ouverts affines X_i, d'anneaux B_i, tels que sur X_i le Module quasi-cohérent $\Omega^1_{X/Y}$ soit donné par un B_i-Module projectif. La réponse à la question de savoir si cette condition implique la lissité formelle de f serait affirmative, si on pouvait montrer que pour tout anneau commutatif B, tout B-Module N qui est localement projectif est projectif, ou ce qui revient au même, satisfait à $H^1(X,\underline{Hom}(\widetilde{N},\underline{J}))=0$ pour tout Module quasi-cohérent $\underline{J}$ sur X = Spec(B).

D'autre part, on trouve facilement par le raisonnement de loc. cit. que le morphisme f est formellement non ramifié (resp.formellement étale) (EGA IV 17.1.1) si et seulement si $\Omega^1_{X/Y} = 0$ i.e. $L_{\cdot}^{X/Y} \simeq N_{X/Y}[1]$

(resp. si et seulement si $\Omega^1_{X/Y} = 0$ et $N_{X/Y} = 0$, i.e. $L_{.}^{X/Y} = 0$).

9.6. Un critère différentiel conjectural de lissité (cf. EGA 0_{IV} 22.1.1).

C'est le suivant :

Conjecture Soient $A \longrightarrow B \longrightarrow C$ des homomorphismes locaux d'anneaux locaux noethériens, avec A et C réguliers, $B \longrightarrow C$ surjectif donc $C \simeq B/I$, I un idéal de B, enfin B localisée d'une A-algèbre de type fini. Alors B est formellement lisse sur A si et seulement si les conditions suivantes sont satisfaites :

a) B est régulier, i.e. l'idéal I est un idéal régulier.

b) $\Omega^1_{B/A} \otimes_B C$ est un C-module projectif.

c) L'homomorphisme caractéristique

$$N_{C/A} \longrightarrow I/I^2 \qquad \text{(cf. (9.2.3))}$$

est injectif.

Notons (EGA IV 17.5.3) qu'il revient au même que B soit formellement lisse sur A pour les topologies discrètes ou pour les topologies définies par les idéaux maximaux, et que lorsque B est l'anneau local d'un point x d'un schéma X localement de type fini sur A, cela signifie aussi que X est lisse sur Y = Spec(A) en x, de sorte que la conjecture énoncée donne bien un critère de lissité.

Les conditions a), b) et c) énoncées sont en tous cas nécessaires. Pour a), on utilise par exemple le critère (EGA IV 17.5.1 b') de lissité, et (EGA IV 6.5.1). Pour b), on note que $\Omega^1_{B/A}$ doit déjà être libre sur B (EGA 0_{IV} 20.4.9), compte tenu que ce B-module est de type fini. Enfin c) résulte de la suite exacte qui sera définie plus bas (10.5.11)

$$N_{B/A} \longrightarrow N_{C/A} \longrightarrow I/I^2 \longrightarrow \Omega^1_{B/A} \otimes_B C \rightarrow \Omega^1_{C/A} \longrightarrow 0$$

et du fait que, si B est formellement lisse sur A, alors pour toute B-algèbre C on a $N^C_{B/A} = 0$ (9.5.7).

D'autre part, les conditions énoncées sont aussi suffisantes lorsque A est localisée d'une algèbre de type fini sur un corps. En effet, alors A contient un corps premier k, et comme k est parfait, l'hypothèse de régularité sur C signifie aussi que cet anneau est formellement lisse sur k pour les topologies discrètes (EGA 0_{IV} 22.6.7). On est donc dans les conditions d'application de EGA 0_{IV} 22.1.1 , qui prouve que B est formellement lisse sur A, compte tenu qu'en vertu de 9.5.5, C étant formellement lisse sur A, l'homomorphisme caractéristique envisagé dans l'énoncé de la conjecture s'identifie à celui envisagé dans loc. cit. Dans ce raisonnement, la régularité de A n'a d'ailleurs pas été utilisée. Il est probable qu'on puisse l'adapter également au cas où A est supposé seulement d'égales caractéristiques, en donnant une version généralisée de EGA 0_{IV} 22.1.1 dans le cas où on considère sur C une topologie qui ne serait plus nécessairement la topologie discrète, pour formuler l'hypothèse de lissité formelle dans loc.cit.

Le cas le plus intéressant semble donc le cas d'inégales caractéristiques. Il y a lieu également d'étendre le critère conjectural de lissité formelle au cas où on ne suppose plus que B est localisée d'une A-algèbre de type fini, en remplaçant alors les modules $\Omega^1_{B/A}$ et $N_{C/A}$ par des variantes, faisant intervenir les topologies habituelles des anneaux locaux noethériens qui entrent en jeu.

10. Suites exactes de transitivité.

Dans le présent numéro, nous précisons la dépendance des catégories cofibrées $\underline{\Phi}_{L.}$ et $\underline{\Psi}_{L.}$ du n° 6 du complexe de chaînes L., en étudiant la situation où on a trois tels complexes formant un triangle exact, et essayant d'expliciter les relations entre les catégories cofibrées correspondantes sur $\underline{C}$. Nous explicitons ensuite un cas particulier de cette situation, dans le cas du complexe cotangent relatif étudié au n° 9 ; on obtiendrait deux autres variantes des suites exactes obtenues, en se plaçant dans le contexte du n° 7 .

10.1. Catégorie cofibrée définie par un C-foncteur $\underline{E}' \longrightarrow \underline{E}''$.

Considérons un $\underline{C}$-foncteur

(10.1.1) $\qquad \varphi : \underline{E}' \longrightarrow \underline{E}''$

de catégories cofibrées additives sur la catégorie additive $\underline{C}$. On va en déduire une nouvelle catégorie cofibrée additive $\underline{E}$ sur $\underline{C}$, notée

(10.1.2) $\qquad \underline{E} = [\,\underline{E}' \longrightarrow E''] \quad ,$

de la façon suivante. Pour tout objet A de $\underline{C}$, les objets de $\underline{E}(A)$ sont les couples (X',α) , avec $X' \in \mathrm{Ob}(\underline{E}'(A))$ et $\alpha : \varphi(X') \xrightarrow{\sim} \theta_A$ une trivialisation de $\varphi(X')$. Les flèches de (X',α) dans (X'_1,α_1) sont les flèches de $\underline{E}'(A)$ de source X', de but X'_1 , qui sont compatibles dans un sens évident avec les trivialisations. La composition des flèches dans $\underline{E}(A)$ est induite par celle dans $\underline{E}'(A)$. On obtient bien ainsi une catégorie $\underline{E}(A)$. Pour une flèche $A \longrightarrow B$ de $\underline{C}$, on définit de façon évidente un foncteur "cochangement de base" $\underline{E}(A) \longrightarrow \underline{E}(B)$, en utilisant le foncteur cochangement de base $\underline{E}'(A) \longrightarrow \underline{E}'(B)$. On définit de façon toute aussi évidente, pour un composé $A \longrightarrow B \longrightarrow C$, un isomorphisme de transitivité entre les deux foncteurs $\underline{E}(A) \longrightarrow \underline{E}(C)$ auxquels il donne naissance, de sorte qu'on obtient un pseudo-foncteur (SGA 1 VI) permettant de construire à la façon habituelle une catégorie cofibrée $\underline{E}$ sur $\underline{C}$, admettant les $\underline{E}(A)$ comme catégories fibres et les foncteurs précédents $\underline{E}(A) \longrightarrow \underline{E}(B)$ comme foncteurs de cochangement de base. Par construction, on a un foncteur naturel $(X',\alpha) \longmapsto X'$:

(10.1.3) $$\psi : \underline{E} \longrightarrow \underline{E}' \quad ,$$

qui est d'ailleurs fidèle.

On voit immédiatement que la nouvelle catégorie cofibrée $\underline{E}$ est encore additive, d'où des foncteurs additifs E^0, E^1 correspondants (1.6).

10.2. Une suite exacte sympathique.

Si A est un objet de $\underline{C}$, on définit une application

(10.2.1) $$\partial : E''^0(A) \longrightarrow E^1(A) \quad ,$$

en associant à tout élément α = Aut $\theta_A^{E''}$ du premier membre, l'objet $(\theta_A^{E'},\alpha)$ de $\underline{E}(A)$, dont la classe sera notée $\partial(\alpha)$. On constate aussitôt que cette application est fonctorielle en A, donc elle est additive. Utilisant cette application, et les applications induites par les foncteurs φ et ψ de (10.1.1) et (10.1.3), on trouve une suite d'applications, fonctorielle en l'objet A de $\underline{C}$:

(10.2.2) $$0 \longrightarrow E^0(A) \longrightarrow E'^0(A) \longrightarrow E''^0(A) \longrightarrow E^1(A) \longrightarrow E'^1(A) \longrightarrow E''^1(A) \ .$$

Cette suite est exacte. La varification de ce fait, essentiellement triviale et analogue à celle de 2.5 , est laissée au lecteur. On fera attention qu'on ne peut en général ajouter un zéro à droite de cette suite exacte (si on tient à ce qu'elle reste exacte !).

10.3. <u>Cas où $\underline{E}'$ et $\underline{E}''$ sont $\underline{C}$-équivalentes à des catégories de la forme</u> $\Phi_{L'_{\bullet}}$ et $\Phi_{L''_{\bullet}}$ (cf. 6.5).

On peut supposer $L'_{\bullet}$ et $L''_{\bullet}$ de longueur 1, ce que nous supposerons désormais. Pour simplifier, nous supposerons $\underline{C}$ <u>abélienne</u>.

On sait (6.12) que φ provient d'un homomorphisme bien déterminé dans $K(\underline{C})$:

(10.3.1) $$\varphi_{\bullet} : L''_{\bullet} \longrightarrow L'_{\bullet} \quad .$$

On a ce qui suit :

a) $\underline{E}$ lui-même est $\underline{C}$-équivalente à une catégorie de la forme $\Phi_{L_{\bullet}}$, le foncteur ψ de (10.1.3) étant donc défini par un homomorphisme bien déterminé

(10.3.2) $$\psi_{\bullet} : L'_{\bullet} \longrightarrow L_{\bullet}$$

($L_{\bullet}$ lui-même étant d'ailleurs bien déterminé, à isomorphisme unique près dans $K(\underline{C})$, comme le complexe typique de $\underline{E}$).

b) Supposons que l'homomorphisme

$$H_1(\varphi) : N_{\underline{E}''} \longrightarrow N_{\underline{E}'}$$

induit par $\varphi_{\bullet}$. (10.3.1) soit un <u>monomorphisme</u>, ou ce qui revient au même lorsque dans $\underline{C}$ il y a suffisamment d'objets injectifs, que pour tout tel objet injectif A, l'application

$$\varphi^1(A) : E'^1(A) \longrightarrow E''^1(A)$$

soit surjective. Alors les homomorphismes (10.3.1) et (10.3.2) s'insèrent canoniquement dans un triangle exact de $D(\underline{C})$

(10.3.3) $$\begin{array}{ccc} & L_{\bullet} & \\ {\scriptstyle \text{degré } 1} \swarrow & & \nwarrow {\scriptstyle \psi_{\bullet}} \\ L''_{\bullet} & \xrightarrow{\ \varphi_{\bullet}\ } & L'_{\bullet} \end{array} \quad ,$$

de telle sorte que pour tout objet A de $\underline{C}$, le diagramme suivant soit commutatif :

$$\begin{array}{ccc} E''^{0}(A) & \xrightarrow{\partial} & E^{1}(A) \\ \downarrow\wr & & \downarrow\wr \\ H^{0}(\mathrm{Hom}^{\bullet}(L''_{\bullet},A)) & & H^{1}(\mathrm{Hom}^{\bullet}(L_{\bullet},A)) \\ \downarrow\wr & & \downarrow \\ \mathrm{Ext}^{0}(L''_{\bullet},A) & \xrightarrow{\partial} & \mathrm{Ext}^{1}(L''_{\bullet},A) \end{array} ,$$

où la première flèche horizontale est (10.2.1), la deuxième est l'homomorphisme cobord déduit du triangle exact (10.3.3), les flèches verticales supérieures étant celles de (3.10.1), les flèches verticales inférieures étant celles déduites de (5.2.1). (NB comme celles-ci sont injectives, cela permet de récupérer l'homomorphisme (10.2.1) en termes du triangle (10.3.3).)

c) Si on suppose que l'homomorphisme

$$\varphi^{1} : E'^{1} \longrightarrow E''^{1}$$

est un épimorphisme (et dans ce cas seulement), le triangle exact (10.3.3) dans $D(\underline{C})$ provient d'un triangle exact dans $K(\underline{C})$; ce dernier peut se décrire aussi canoniquement (à isomorphisme unique près).

d) En tous cas, on trouve une suite exacte

(10.3.5) $$N_{\underline{E}''} \longrightarrow N'_{\underline{E}'} \longrightarrow N_{\underline{E}} \xrightarrow{\partial} \Omega_{E''} \longrightarrow \Omega_{E'} \longrightarrow \Omega_{E} \longrightarrow 0 ,$$

(NB dans le cas b) ci-dessus, cette suite reste exacte en mettant un zéro à gauche).

Esquissons la démonstration des assertions qui précèdent. Utilisant l'homomorphisme $\varphi_{\bullet}$ de (10.3.1) :

(10.3.6) $$\begin{array}{ccc} L''_{1} & \xrightarrow{d''} & L''_{0} \\ \varphi_{1}\downarrow & & \downarrow\varphi_{0} \\ L'_{1} & \xrightarrow{d'} & L'_{0} \end{array} ,$$

introduisons la somme amalgamée

(10.3.7) $$L_1 = L'_1 \amalg_{L''_1} L''_o \quad ,$$

de sorte que le diagramme (10.3.6) donne naissance à

$$\begin{array}{ccccc} L''_1 & \longrightarrow & L''_o & & \\ \downarrow & & \downarrow & & \\ L'_1 & \longrightarrow & L_1 & \longrightarrow & L'_o \end{array} \quad .$$

Utilisant les définitions des catégories cofibrées de la forme $\underline{\underline{\Phi}}_{L.}$ et celle de $\underline{E} = [\underline{E}' \rightarrow \underline{E}'']$, on trouve facilement que $\underline{E}$ est $\underline{C}$-équivalente à la catégorie $\underline{\underline{\Phi}}_{L.}$, où

(10.3.8) $$L. = [L_1 \longrightarrow L'_o]$$

(de sorte que $L_o = L'_o$). Cela établit a). Pour établir b), on note d'abord qu'on peut se ramener (quitte à remplacer $L'_.$ par un complexe homotope) au cas où $\varphi.$ est un monomorphisme sur chaque composante, $\varphi_o : L''_o \longrightarrow L'_o$ étant même un monomorphisme direct : il suffit en effet de remplacer $L'_.$ par $L'_. \oplus [L''_o \xrightarrow{id} L''_o]$, et $\varphi.$ par l'homomorphisme de complexes décrit dans le diagramme

(10.3.9) $$\begin{array}{ccc} L''_1 & \xrightarrow{\quad d'' \quad} & L''_o \\ {\scriptstyle (\varphi_1, d'')} \downarrow & & \downarrow {\scriptstyle (\varphi_o, id_{L''_o})} \\ L'_1 \oplus L''_o & \xrightarrow[d' \oplus id_{L''_o}]{} & L'_o \oplus L''_o \end{array} \quad .$$

Supposons dorénavant que nous sommes dans le cas particulier annoncé et soit $Q.$ le conoyau du monomorphisme $\varphi. : L''_. \longrightarrow L'_.$, de sorte que nous avons une suite exacte courte

(*) $$0 \longrightarrow L''_{\cdot} \longrightarrow L'_{\cdot} \longrightarrow Q_{\cdot} \longrightarrow 0 \quad .$$

Q. est un complexe de chaînes de longueur 1, avec

$$Q_1 = \mathrm{Coker}\ \psi_1 \simeq \mathrm{Coker}(L''_0 \longrightarrow L_1)$$

$$Q_0 = \mathrm{Coker}\ (\varphi_0 : L''_0 \longrightarrow L'_0 = L_0) \quad ,$$

de sorte qu'on obtient une suite exacte

(**) $$0 \longrightarrow [L''_0 \longrightarrow L''_0] \longrightarrow L_{\cdot} \longrightarrow Q_{\cdot} \longrightarrow 0 \quad ,$$

compte tenu que $L''_0 \longrightarrow L_1$ et $L''_0 \longrightarrow L'_0 = L_0$ sont des monomorphismes (le premier parce qu'il est déduit par cochangement de base du monomorphisme $L''_1 \longrightarrow L'_1$). Cette suite exacte nous prouve que $L_{\cdot} \longrightarrow Q_{\cdot}$ est un quasi-isomorphisme, de sorte que la suite exacte (*) donne bien naissance à un triangle exact (10.3.3) dans la catégorie dérivée $D(\underline{C})$.

Nous ne donnerons pas la vérification de la commutativité de (10.3.4), que le rédacteur avoue n'avoir pas faite lui-même. Indiquons par contre pourquoi dans le cas c) on obtient même un triangle exact dans $K(\underline{C})$. (Le fait que la condition de c) est aussi nécessaire étant immédiat, grâce à la suite exacte en les $H^i(\mathrm{Hom}^{\cdot}(-,A))$ associée à un triangle exact dans $K(\underline{C})$.) Appliquant l'hypothèse de surjectivité pour $E'^1(A) \longrightarrow E''^1(A)$ au cas où $A = L''_1$, on trouve qu'il existe des homomorphismes

$$\alpha : L'_1 \longrightarrow L''_1 \quad , \quad \beta : L''_0 \longrightarrow L''_1 \quad ,$$

tels que

$$\mathrm{id}_{L''_1} = \alpha\,\varphi_1 + \beta\,d'' \quad ,$$

de sorte que la flèche (φ_1, d'') de (10.3.9) admet une inverse à gauche (α,β). Donc dans la réduction faite ci-dessus, on obtient que non seulement φ_0 , mais aussi φ_1 , est un monomorphisme direct(*). Donc la suite

(*) i.e. admet un inverse à gauche.

exacte courte (*) définit même un triangle exact dans $K(\underline{C})$, et non seulement dans $D(\underline{C})$. Il en est de même de la suite exacte courte (**) , car les monomorphismes $L''_0 \rightarrowtail L_1$ et $L''_0 \rightarrow L'_0 = L_0$ sont directs (le premier parce que $L''_1 \rightarrow L'_1$ l'est). Cette suite exacte montre alors que $L_\cdot \rightarrow Q_\cdot$ est un isomorphisme dans $K(\underline{C})$, d'où le fait que (10.3.3) peut être considéré comme un triangle exact dans $K(\underline{C})$.

Enfin, établissons la suite exacte (10.3.5) de d), dans laquelle seule la flèche ∂ demande encore une définition (les autres flèches étant induites par φ et ψ). Mais soit $\overline{L''_\cdot}$ le complexe de chaînes déduit de $L''_\cdot$ en divisant L''_1 par le sous-objet de $Z_1(L''_\cdot) = H_1(L''_\cdot) = N_{\underline{E}''}$, noyau de $H_1(\varphi_\cdot) : N_{\underline{E}''} \longrightarrow N_{\underline{E}'}$. Par passage au quotient, φ définit un homomorphisme

$$\overline{\varphi_\cdot} : \overline{L''_\cdot} \longrightarrow L'_\cdot \quad .$$

Compte tenu de la construction donnée ci-dessus pour $L_\cdot$, ce complexe n'est pas changé quand on remplace $\varphi_\cdot$ par $\overline{\varphi_\cdot}$, de sorte qu'on trouve un triangle exact dans $D(\underline{C})$:

(10.3.10)

$$\begin{array}{ccc} & L_\cdot & \\ \swarrow & & \nwarrow \psi_\cdot \\ \overline{L''_\cdot} & \xrightarrow[\overline{\varphi_\cdot}]{} & L'_\cdot \end{array} \quad ,$$

donnant naissance à une suite exacte d'objets d'homologie

$$0 \longrightarrow H_1(\overline{L''_\cdot}) \longrightarrow H_1(L'_\cdot) \longrightarrow H_1(L_\cdot) \longrightarrow \underset{\underset{H_0(L''_\cdot)}{\wr\|}}{H_0(\overline{L''_\cdot})} \longrightarrow H_0(L'_\cdot) \longrightarrow H_0(L_\cdot) \longrightarrow 0 \quad .$$

Compte tenu de l'isomorphisme évident

$$H_1(\overline{L''_\cdot}) \simeq \mathrm{Im}(H_1(L''_\cdot) \longrightarrow H_1(L'_\cdot)) \quad ,$$

cette suite exacte définit une suite exacte de la forme (10.3.5).

10.3.10. Autocritique. Faute d'une lecture suffisamment approfondie des oeuvres de Mao-Tse-Tung, le rédacteur n'est pas arrivé dans cette section à une formulation vraiment satisfaisante. Ainsi, dans b) il manque une caractérisation intrinsèque du triangle exact obtenu, qualifié de "canonique" alors que la canonicité n'est pas du tout apparente sur la construction explicite donnée. De même, il manque une description simple de l'homomorphisme δ de (10.3.5). Les mêmes critiques s'appliquent à la section suivante. Il semble qu'il faille commencer par étudier l'effet, sur des catégories cofibrées de la forme $\underline{\Phi}_{L.}$ et $\underline{\Psi}_{L.}$, d'un homomorphisme de degré 1 $L. \longrightarrow L''$ sur les complexes de chaînes.

10.4. Cas où $\underline{E}'$ et $\underline{E}''$ sont exactes à gauche.

Dans ce cas, on obtient les résultats suivants :

a) $\underline{E}$ est également exacte à gauche. Lorsque $\underline{C}$ admet suffisamment d'objets injectifs, il s'ensuit (2.9) que $\underline{E}$ est connu à $\underline{C}$-équivalence près, quand on connait sa restriction à la catégorie Inj($\underline{C}$) des objets injectifs de $\underline{C}$.

b) Supposons que $\underline{C}$ admette suffisamment d'injectifs (*). Lorsque $\underline{E}'$ et $\underline{E}''$ sont $\underline{C}$-équivalentes à des catégories de la forme $\underline{\Psi}_{L!}$ et $\underline{\Psi}_{L''}$ (cf. 6.10), alors $\underline{E}$ est $\underline{C}$-équivalente à une catégorie de la forme $\underline{\Psi}_{L.}$.

Notons que les complexes de chaînes de longueur 1 $L!$, L'' et $L.$ sont déterminés à isomorphisme unique près dans la catégorie dérivée D($\underline{C}$)

(*) Condition probablement inutile !

et que les foncteurs φ et ψ (10.1.1) et (10.1.3) sont définis alors par des homomorphismes bien déterminés dans $D(\underline{C})$:

(10.4.1) $$\varphi_\bullet : L''_\bullet \longrightarrow L'_\bullet \quad , \quad \psi_\bullet : L'_\bullet \longrightarrow L_\bullet \quad .$$

c) Sous les conditions de b), soit $\overline{L''_\bullet}$ le complexe de chaînes qui coïncide avec $L''_\bullet$ en degré 0, et est déduit en degré 1 de L''_1 en divisant par le sous-objet de $Z_1(L''_\bullet) = H_1(L''_\bullet) = N_{\underline{E}''}$, noyau de l'homomorphisme $N_{\underline{E}''} \longrightarrow N_{\underline{E}'}$. Soit

$$\overline{\varphi}_\bullet : \overline{L''_\bullet} \longrightarrow L'_\bullet$$

l'homomorphisme de complexes déduit de $\varphi_\bullet$ par passage au quotient. Alors $\overline{\varphi}_\bullet$ et $\psi_\bullet$ s'insèrent dans un triangle exact canonique de $D(\underline{C})$:

(10.4.2) $$\begin{array}{ccc} & L_\bullet & \\ \swarrow & & \nwarrow \\ \overline{L''_\bullet} & \longrightarrow & L'_\bullet \end{array} \quad ,$$

tel que pour tout objet A de $\underline{C}$, le diagramme suivant soit commutatif

(10.4.3) $$\begin{array}{ccc} E''^0(A) & \xrightarrow{\ \partial\ } & E^1(A) \\ \wr\uparrow & & \wr\uparrow \\ \mathrm{Ext}^0(L''_\bullet, A) & & \mathrm{Ext}^1(L_\bullet, A) \\ \wr\uparrow & & \| \\ \mathrm{Ext}^0(\overline{L''_\bullet}, A) & \xrightarrow{\ \partial\ } & \mathrm{Ext}^1(L_\bullet, A) \end{array} \quad ,$$

où le premier ∂ est celui de (10.2.1), le deuxième est l'homomorphisme cobord déduit du triangle exact (10.4.2) , les flèches verticales supérieures sont (5.4.1.1) et (5.4.1.2), la flèche verticale inférieure gauche étant induite par l'homomorphisme canonique $L''_\bullet \longrightarrow \overline{L''_\bullet}$.

d) Sous les conditions de b), le triangle exact (10.4.2) fournit une suite exacte canonique

(10.4.4) $$N_{\underline{E}''} \longrightarrow N_{\underline{E}'} \longrightarrow N_{\underline{E}} \longrightarrow \Omega_{\underline{E}} \longrightarrow \Omega_{\underline{E}'} \longrightarrow \Omega_{\underline{E}''} \longrightarrow 0 \quad .$$

Esquissons la démonstration des résultats que nous venons d'énumérer. L'assertion a) résulte aisément des définitions, par une chasse diagrammatique un peu fastidieuse laissée au lecteur, dans le style de la démonstration (omise) de 2.6 . Pour prouver b), on procède essentiellement comme dans la démonstration de 10.3 a) pour construire un complexe de chaînes L. , par les formules (10.3.7) et (10.3.8). On voit alors tout de suite que la restriction de $\underline{\Phi}_{L.}$ à $\mathrm{Inj}(\underline{C})$ est équivalente à celle de $\underline{E}$, en procédant comme dans 10.3. Utilisant 2.9 , et le fait que $\underline{E}$ est exacte à gauche, on en déduit une $\underline{C}$-équivalence $\underline{E} \approx \underline{\Psi}_{L.}$. Pour établir c), on procède alors comme dans 10.3 b) ; de même d) résulte immédiatement du triangle exact (10.4.2).

10.5. <u>Le triangle exact de transitivité pour les complexes cotangents relatifs.</u>

Soit S un topos, et

(10.5.1) $$A \longrightarrow B \longrightarrow C$$

des homomorphismes d'Anneaux commutatifs sur S. Posons pour simplifier

(10.5.2) $$\underline{E}^{C/A} = \underline{\mathrm{Exalcom}}_A(C,-) \quad , \quad \underline{E}^{B/A} = \underline{\mathrm{Exalcom}}_A(B,-) \quad ,$$

catégories cofibrées sur Mod(C) définies dans (7.1.7), et introduisons de plus la catégorie cofibrée

(10.5.3) $$\underline{E}^{B/A,C} = \underline{E}^{B/A} \times_{\mathrm{Mod}(B)} \mathrm{Mod}(C)$$

sur Mod(C), où le produit fibré est défini grâce au foncteur "restriction des scalaires"

(10.5.4) $\rho : \mathrm{Mod}(C) \longrightarrow \mathrm{Mod}(B)$;

comme ce foncteur est exact, $\underline{E}^{B/A,C}$ est une catégorie cofibrée exacte à gauche tout comme $\underline{E}^{B/A}$. Sa fibre en l'objet J de Mod(C) est la catégorie $\underline{E}^{B/A}(\rho(J))$ des extensions de A-Algèbres commutatives de B par $\rho(J)$.

On a un Mod(C)-foncteur naturel

(10.5.5) $\varphi : \underline{E}^{C/A} \longrightarrow \underline{E}^{B/A,C}$,

associant à toute A-Algèbre commutative E extension de C par un Idéal de carré nul J, son image inverse par l'homomorphisme donné $B \longrightarrow C$. Comme la donnée d'un objet de $\underline{E}^{C/B}$, i.e. d'une extension de B-Algèbres commutatives E de C par un idéal de carré nul J, revient à la donnée d'une extension de A-Algèbres commutatives E_o de C par J, munie d'un A-homomorphisme $B \longrightarrow E$ qui relève l'homomorphisme donné $B \longrightarrow C$, i.e. d'une trivialisation de $\varphi(E_o)$, on trouve (avec la notation introduite dans (10.1.2)) une Mod(C)-équivalence

(10.5.6) $\underline{E}^{C/B} \xrightarrow{\approx} [\ \underline{E}^{C/A} \xrightarrow{\ \varphi\ } \underline{E}^{B/A,C}\ ]$.

D'autre part, on sait que l'on a des Mod(C)-équivalences

(10.5.7) $\underline{E}^{C/A} \xrightarrow{\approx} \underline{\Psi}_{L^{B/A}_{\bullet}}$, $\underline{E}^{C/B} \xrightarrow{\approx} \underline{\Psi}_{L^{C/B}_{\bullet}}$,

avec les notations de 6.9 pour $\underline{\Psi}$ et de 9.1 pour les complexes cotangents relatifs $L^{C/A}_{\bullet}$ et $L^{C/B}_{\bullet}$. Utilisant de plus la Mod(B)-équivalence analogue

$$\underline{E}^{B/A} \xrightarrow{\approx} \underline{\Psi}_{L^{B/A}_{\bullet}}$$

et la définition (10.5.3), on trouve en vertu de 6.16.3 une Mod(C)-équivalence

(10.5.8) $\underline{E}^{B/A,C} \xrightarrow{\approx} \underline{\Psi}_{L^{B/A,C}_{\bullet}}$,

avec

(10.5.9) $$L_{\bullet}^{B/A,C} = [\, L_{\bullet}^{B/A} \overset{L}{\otimes}_B C \,]\ ,$$

où $\overset{L}{\otimes}$ désigne le produit tensoriel au sens des catégories dérivées, et où le signe [ ] désigne le complexe tronqué de longueur 1 obtenu en tuant les objets d'homologie H_i pour $i \geq 2$.

Ceci posé, nous pouvons appliquer les résultats des sections précédentes, notamment 10.2 et 10.4. La suite exacte (10.2.2) se réduit ici à la suite exacte bien connue (EGA 0_{IV} 20.2.3) :

(10.5.10) $$0 \longrightarrow \mathrm{Dér}_B(C,J) \longrightarrow \mathrm{Dér}_A(B,J) \longrightarrow \mathrm{Dér}_A(B,J) \longrightarrow \mathrm{Exalcom}_B(C,J) \longrightarrow \mathrm{Exalcom}_A(C,J) \longrightarrow \mathrm{Exalcom}_A(B,J)\ .$$

D'autre part, 10.4 d) nous donne une suite exacte canonique, duale dans un certain sens de la précédente :

(10.5.11) $$N_{B/A,C} \longrightarrow N_{C/A} \longrightarrow N_{C/B} \longrightarrow \Omega^1_{B/A} \otimes_B C \longrightarrow \Omega^1_{C/A} \longrightarrow \Omega^1_{C/B} \longrightarrow 0\ ,$$

où on a posé

(10.5.12) $$N_{B/A,C} = H_1(L_{\bullet}^{B/A} \overset{L}{\otimes}_B C)\ ,$$

et tenant compte que l'on a

$$H_o(L_{\bullet}^{B/A} \overset{L}{\otimes}_B C) \simeq H_o(L_{\bullet}^{B/A}) \otimes_B C = \Omega^1_{B/A} \otimes_B C\ .$$

Introduisons de plus le complexe modifié

(10.5.13) $$\overline{L_{\bullet}^{B/A,C}} = L_{\bullet}^{B/A,C} / K[1]\ ,$$

où

(10.5.14) $$K = \mathrm{Ker}(N_{B/A,C} \longrightarrow N_{C/A})\ ,$$

alors on trouve grâce à 10.4 c) un triangle exact canonique dans la catégorie dérivée D(C) de Mod(C) :

(10.5.15)
$$\begin{array}{ccc} & L_\bullet^{C/B} & \\ \swarrow & & \nwarrow \\ \overline{L_\bullet^{B/A,C}} & \longrightarrow & L_\bullet^{C/A} \end{array} \quad ,$$

dont (10.5.11) est déduit en prenant la suite exacte des objets d'homologie, et dont on peut de même déduire la suite exacte (10.5.11) en prenant la suite exacte des Ext^i à valeurs dans J (avec deux grains de sel évidents, pour le début resp. la fin des suites exactes envisagées).

On déduit de ces développements une généralisation évidente, dans le cas où on a des morphismes de topos commutativement annelés

(10.5.16) $$X \xrightarrow{f} Y \xrightarrow{g} Z \quad , \quad h = gf : X \longrightarrow Z \quad .$$

On appliquera dans ce cas ce qui précède avec

(10.5.17) $$A = h^{-1}(\underline{O}_Z) \quad , \quad B = f^{-1}(\underline{O}_Y) \quad , \quad C = \underline{O}_X \quad ,$$

de sorte qu'on a par définition (9.1.7)

(10.5.18) $$L_\bullet^{C/B} = L_\bullet^{X/Y} \quad , \quad L_\bullet^{C/A} = L_\bullet^{X/Y} \quad .$$

De plus, on trouve un isomorphisme canonique

(10.5.19) $$L_\bullet^{B/A} \overset{L}{\otimes}_B C \simeq Lf^*(L_\bullet^{Y/Z}) \quad .$$

En effet, comme le deuxième membre n'est autre par définition que $f^{-1}(L_\bullet^{Y/Z}) \overset{L}{\otimes}_B C$, il suffit de définir un isomorphisme

$$L_\bullet^{B/A} \simeq f^{-1}(L_\bullet^{Y/Z}) \quad ,$$

or un tel isomorphisme est donné par 9.3.11 a).

La suite exacte (10.5.11) peut maintenant s'écrire

(10.5.20) $$N_{Y/Z,X} \longrightarrow N_{X/Z} \longrightarrow N_{X/Y} \longrightarrow f^*(\Omega^1_{Y/Z}) \longrightarrow \Omega^1_{X/Z} \longrightarrow \Omega^1_{X/Y} \longrightarrow 0 \quad ,$$

où on a posé

(10.5.21) $$N_{Y/Z,X} = H_1(\underline{L}f^*(L_{\bullet}^{Y/Z})) \quad .$$

Cette suite exacte peut se déduire d'un triangle exact dans D(X) :

(10.5.21)
$$\begin{array}{ccc} & L_{\bullet}^{X/Y} & \\ \swarrow & & \nwarrow \\ \overline{L_{\bullet}^{Y/Z,X}} & \longrightarrow & L_{\bullet}^{X/Z} \end{array} \quad ,$$

où on pose
$$\overline{L_{\bullet}^{Y/Z,X}} = \underline{L}f^*(L_{\bullet}^{Y/Z})/K[1] \quad ,$$

avec
$$K = \mathrm{Ker}(N_{X/Y,Z} \longrightarrow N_{X/Z}) \quad .$$

<u>Remarque</u> 10.5.22. Dans la suite exacte (10.5.11) on ne peut en général mettre un zéro à gauche, i.e. dans le triangle exact (10.5.15), on ne peut en général remplacer $\overline{L_{\bullet}^{B/A,C}}$ par $L_{\bullet}^{B/A,C}$ lui-même. C'est le premier défaut sérieux que nous rencontrons ici pour le comportement des complexes cotangents relatifs tels qu'ils sont définis dans le présent exposé. C'est ce défaut qui peut sans doute être considéré comme la motivation principale pour l'introduction des complexes de chaînes $T_{\bullet}^{B/A}$ de Quillen signalés dans 9.1.8 , qui eux s'insèrent dans un triangle exact

$$\begin{array}{ccc} & T_{\bullet}^{C/B} & \\ \swarrow & & \nwarrow \\ T_{\bullet}^{B/A} \overset{\underline{L}}{\otimes}_B C & \longrightarrow & T_{\bullet}^{C/A} \end{array} \quad ,$$

et donnent naissance à une suite exacte infinie prolongeant (10.5.11).

<u>Remarque</u> 10.5.23. Lorsque C est un quotient de B, C = B/I , on vérifie (laissé au lecteur !) que les cinq termes de droite de (10.5.11) se ré-

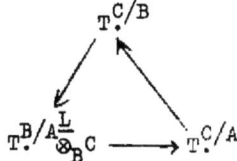

duisent à la suite exacte (9.2.3) . D'autre part la suite exacte (9.5.3) n'est autre que la suite exacte des quatre termes de droite de (9.5.11), en remplaçant A,B,C par k,A,B .

Remarque 10.5.24. Lorsqu'on se donne des homomorphismes d'Anneaux commutatifs

$$k \longrightarrow A \longrightarrow B \longrightarrow C$$

du topos S, on peut travailler avec les catégories d'extensions d'Algèbres splittées sur k, et appliquer suivant le modèle de la section 10.5 les résultats de 10.2 et 10.3 . On retrouve ainsi, essentiellement, les développements de EGA 0_{IV} 20.6.15 à 20.6.25. Il y aurait lieu à ce sujet d'expliciter une relation de compatibilité entre le triangle exact (10.5.15) et le triangle exact défini par la suite exacte courte (splittée en chaque dimension) EGA 0_{IV} 20.6.16.1. Signalons enfin que des développements tout analogues à ceux de la présente section 10.5 peuvent se développer également en travaillant avec les catégories cofibrées Exan et Exal au lieu de Exalcom (cf. 7.1), tant dans le cas absolu que dans le cas relatif sur un Anneau de base commutatif k (ce dernier cas conduisant à généraliser au cas d'anneaux non commutatifs les développements de loc. cit.).

10.6. Cas particuliers.

Nous allons donner quelques cas typiques où la suite (10.5.20) reste exacte quand on ajoute un zéro à sa gauche, i.e. quand dans (10.5.21) on a

$$\overline{L_{.}^{Y/Z,X}} = L_{.}^{Y/Z,X} \quad (= \underline{L}f^{*}(L_{.}^{Y/Z})) \quad .$$

10.6.1. Un premier cas évident est celui où on a

(10.6.1.2) $\qquad N_{Y/Z,X} = 0 \quad .$

Il suffit pour ceci que l'on ait

(10.6.1.2) $\quad N_{Y/Z} = 0 \quad \text{et} \quad \mathrm{Tor}_1^{\underline{O}_Y}(\Omega^1_{Y/Z}, \underline{O}_X) = 0 \quad ,$

la deuxième de ces relations étant vérifiée en particulier si $\Omega^1_{Y/Z}$ ou $\underline{O}_X$ est plat sur $\underline{O}_Y$. Si par exemple $g : Y \longrightarrow Z$ provient d'un morphisme de schémas localement formellement lisse, on a vu dans 9.5.8 que $N_{Y/Z} = 0$ et $\Omega^1_{Y/Z}$ est localement projectif, et à fortiori il est plat, donc dans ce cas on a (10.6.1.1).

10.6.2. Lorsqu'on dispose de la théorie de Quillen [14] signalée dans 9.1.8, la suite exacte (10.5.20) peut se continuer en une suite exacte infinie comme il a été "rappelé" dans 10.5.22 , le terme précédent $N_{Y/Z,X}$ étant $H_2(T^{X/Y}_{\cdot})$. Si donc on a

(10.6.2.1) $\quad H_2(T^{X/Y}_{\cdot}) = 0 \quad ,$

alors on est dans le cas favorable envisagé dans la présente section. Voici trois cas intéressants qui sont, ou semblent, justiciables de (10.6.2.1) :

a) Supposons que $f : X \longrightarrow Y$ provienne d'un morphisme de schémas localement d'intersection complète (SGA 6 VII) ; alors il est établi dans [14] que l'on a

(10.6.2.2) $\quad H_i(T^{X/Y}_{\cdot}) = 0 \quad \text{pour } i \geq 2 \quad ,$

en d'autres termes dans ce cas on a $T^{X/Y}_{\cdot} = L^{X/Y}_{\cdot}$. Par passage à la limite, ces mêmes conclusions seront valables lorsque X et Y peuvent se recouvrir par des ouverts affines X_i , Y_i d'anneaux B_i , A_i , avec X_i sur Y_i , et B_i étant limite inductive filtrante de A_i-algèbres d'intersection complètes. Par exemple, cette condition est remplie si X,Y sont des spectres de corps K,L : en effet, L est alors limite inductive de ses sous-K-algèbres de type fini qui sont régulières, lesquelles sont relativement d'intersection complète sur K. On sait en effet que tout morphisme localement de type fini de schémas localement noethériens réguliers est un morphisme d'intersection complète.

b) Cette dernière assertion conduit à se demander si, pour un morphisme $f : X \longrightarrow Y$ de schémas localement noethériens réguliers (f pas nécessairement localement de type fini), les relations (10.6.2.2) sont vérifiées.

c) Si f est un morphisme lisse de schémas, on sait que c'est un morphisme d'intersection complète, donc on est dans les conditions de a) et on a (10.6.2.2). Cette relation est également vérifiée si on suppose seulement que f est localement formellement lisse. En fait, dans ce cas on a même la relation (10.6.2.2) pour tout $i \geq 1$ et pas seulement pour $i \geq 2$. Utilisant ceci, et le triangle exact de Quillen signalé dans 10.5.22 , on trouve plus généralement que lorsque $f : X \longrightarrow Y$ est un S-morphisme de S-schémas, X et Y étant localement formellement lisses sur S, alors on a encore les relations (10.6.2.2), donc pour tout morphisme de Y dans un topos annelé Z, on peut mettre un zéro à gauche de (10.5.20), et dans le triangle exact (10.5.21), on a $\overline{L_{.}^{Y/Z,X}} = L_{.}^{Y/Z,X}$.

11. <u>Complexe cotangent relatif et relèvement infinitésimal de morphismes de topos annelés</u>. <u>Application aux morphismes formellement nets</u>.

11.1. <u>Relèvement infinitésimal de morphismes</u>.

11.1.1. Pour fixer les idées et en vue de notre application aux schémas, nous nous bornons dans le présent n° 11 aux topos <u>commutativement</u> annelés, ce qui conduira à travailler avec les complexes cotangents relatifs. Les développements généraux du n° 7 permettraient de traiter de façon essentiellement identique le cas de topos annelés par des Anneaux non nécessairement commutatifs, en introduisant des complexes de la forme *Compan*. ou *Compal*. au lieu du complexe *Compalcom*. .

11.1.2. Donnons nous un carré de morphismes de topos (commutativement) annelés

(11.1.2.1)
$$\begin{array}{ccc} X & \xleftarrow{\ h_0\ } & Z, \\ {\scriptstyle f}\downarrow & & \downarrow{\scriptstyle i} \\ Y & \xleftarrow{\ g\ } & Z \end{array} \quad .$$

Pour simplifier les notations, nous supposons ce carré commutatif, en laissant au lecteur le soin de faire les modifications évidentes lorsqu'on suppose seulement le carré commutatif *à isomorphisme près*, i.e. qu'on se soit donné un isomorphisme

$$fh_0 \simeq gi \quad .$$

Nous supposons de plus que i est une *immersion d'ordre* 1 , i.e. que i induit une équivalence sur les topos, et que l'homomorphisme d'Anneaux

$$i^{-1}(\underline{O}_Z) \longrightarrow \underline{O}_{Z_0}$$

est un épimorphisme, à noyau J un Idéal de carré nul. Pour simplifier les notations, nous supposerons encore que les topos sous-jacents à Z_0 et Z sont les mêmes, i induisant l'identité, de sorte qu'on obtient sur le topos $|Z| = |Z_0|$ une suite exacte d'extension d'Anneaux :

(11.1.2.2)
$$0 \longrightarrow J \longrightarrow \underline{O}_Z \longrightarrow \underline{O}_{Z_0} \longrightarrow 0 \quad .$$

Nous nous proposons de chercher les morphismes de topos annelés

$$h : Z \longrightarrow X$$

tels que

$$hi = h_o \quad , \quad fh = g \quad ,$$

i.e. rendant commutatifs les deux triangles inférieur et supérieur dans le diagramme

(11.1.2.3)
$$\begin{array}{ccc} X & \xleftarrow{\;h_o\;} & Z_o \\ {\scriptstyle f}\downarrow & \nwarrow^{h} & \downarrow{\scriptstyle i} \\ Y & \xleftarrow{\;g\;} & Z \end{array} \quad .$$

Ces h peuvent aussi se décrire comme les Y-morphismes de Z dans X qui prolongent le Y-morphisme h_o , lorsque X, Z, Z_o sont regardés comme des topos annelés au dessus de Y grâce à f,g, et $fh_o = gi$.

11.1.3. Nous allons transformer le problème en un problème ne faisant intervenir que le seul topos $|Z_o| = |Z|$ et des Anneaux convenables sur celui-ci. Pour ceci, introduisons les Anneaux suivants sur Z_o :

(11.1.3.1) $$A = (fh_o)^{-1}(\underline{O}_Z) = h_o^{-1}(f^{-1}(\underline{O}_Y)) \quad , \quad B = h_o^{-1}(\underline{O}_X) \; , \; C = \underline{O}_{Z_o} \quad ,$$

et enfin

(11.1.3.1') $$E = i^{-1}(\underline{O}_Z) = \underline{O}_Z \quad .$$

Les morphismes f et h_o donnent naissance à des morphismes d'Anneaux

(11.1.3.2) $$A \longrightarrow B \longrightarrow C \quad ,$$

tandis que g et i donnent naissance à

(11.1.3.2) $$A \longrightarrow E \longrightarrow C \quad ,$$

enfin la suite exacte (11.1.2.2) se récrit

(11.1.3.4) $$0 \longrightarrow J \longrightarrow E \longrightarrow C \longrightarrow 0 \quad .$$

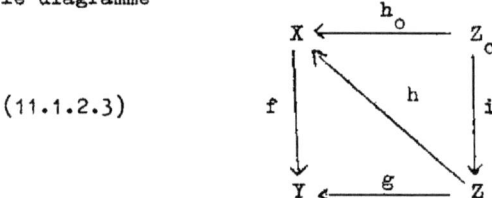

La commutativité du carré (11.1.2.1) s'exprime par la commutativité du carré correspondant

(11.1.3.5)
$$\begin{array}{ccc} B & \longrightarrow & C \\ \uparrow & & \uparrow \\ A & \longrightarrow & E \end{array} \quad ,$$

ce qu'on peut exprimer encore en disant que, B,C étant considérés comme des A-Algèbres grâce à (11.1.3.2), et E grâce à (11.1.3.3), de sorte que $B \longrightarrow C$ est un homomorphisme de A-Algèbres, $E \longrightarrow C$ est également un homomorphisme de A-Algèbres, qui fait donc de E une extension de A-Algèbres de C par l'idéal de carré nul J, grâce à (11.1.3.4).

Ceci posé, on constate aussitôt sur les définitions que les morphismes de topos annelés cherchés $h : Z \longrightarrow X$ correspondant biunivoquement aux homomorphismes d'Anneaux $E \longleftarrow B$ rendant commutatifs les deux triangles inférieur et supérieur du diagramme

$$\begin{array}{ccc} B & \longrightarrow & C \\ \uparrow & \searrow & \uparrow \\ A & \longrightarrow & E \end{array} \quad ,$$

ou ce qui revient au même, ils correspondent aux homomorphismes de A-Algèbres $B \longrightarrow E$ qui relèvent l'homomorphisme donné $B \longrightarrow C$. (Noter pour ceci que le morphisme de topos $|Z_o| = |Z| \longrightarrow |X|$ induit par h doit être nécessairement égal à celui, donné, induit par h_o).

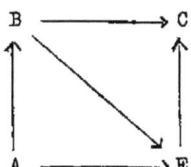

En somme, la réduction précédente revient à se ramener au cas où, dans le carré (11.1.2.1), les topos sous-jacents à X, Y, Z, Z_o sont identiques et les morphismes de topos induits par f, h_o, g, i sont les morphismes identiques.

11.1.4. Introduisons alors l'extension E' de A-algèbres de B par le B-Module $\rho(J)$ déduit de J par restriction des scalaires au moyen de $B \longrightarrow C$, déduite de l'extension E de C par J par image inverse au moyen de $B \longrightarrow C$:

(11.1.4.1) $$E' = E x_C B \quad ,$$

(11.1.4.2) $$0 \longrightarrow \rho(J) \longrightarrow E' \longrightarrow B \longrightarrow 0 \quad .$$

Les relèvements de A-Algèbres cherchés $B \longrightarrow E$ de $B \longrightarrow C$ correspondant alors biunivoquement aux <u>splittages</u> de cette extension de B-Algèbres, ou ce qui revient au même, aux isomorphismes d'extensions de E' avec $D_B(J)$. C'est donc à priori un pseudo-torseur sous le groupe des automorphismes d'extension de $D_B(J)$ sur A, et pour résoudre le problème posé, il reste à exprimer quand ce pseudo-torseur est non vide i.e. est un torseur (<u>existence</u> d'une solution), et à expliciter le groupe structural de ce pseudo-torseur (<u>degré d'indétermination</u> de la solution).

Utilisant la théorie générale 9.2 , on est donc conduit à introduire le complexe cotangent relatif

$$L_{\cdot}^{B/A} \quad ,$$

et on trouve par (9.2.1) que le groupe structural s'exprime comme $\mathrm{Ext}_B^o(L_{\cdot}^{B/A},\rho(J))$, tandis que la classe de l'extension E', dont la nullité est nécessaire et suffisante pour l'existence d'une solution au problème, peut être considéré comme un élément de $\mathrm{Ext}_B^1(L_{\cdot}^{B/A},\rho(J))$. Utilisant les isomorphismes évidents

$$\mathrm{Ext}_B^i(L_{\cdot},\rho(J)) \simeq \mathrm{Ext}_C^i(L_{\cdot}\overset{L}{\otimes}_B C,J) \quad ,$$

et l'isomorphisme 9.3.11. a)

$$L_{\bullet}^{B/A} \simeq Lh_{o}^{-1}(L_{\bullet}^{X/Y}) ,$$

d'où

$$L_{\bullet}^{B/A} \overset{L}{\otimes}_{B} C \simeq Lh_{o}^{*}(L_{\bullet}^{X/Y}) ,$$

on arrive aux conclusions suivantes :

Théorème 11.1.5 (Comparer EGA IV 16.5.17) Sous les conditions générales de 11.1.2, l'obstruction qu'on vient de définir à l'existence d'un Y-morphisme h prolongeant h_o se trouve dans le groupe $\mathrm{Ext}^1(Lh_o^*(L_{\bullet}^{X/Y}),J)$, et lorsque celle-ci est nulle i.e. lorsque un tel h existe, l'ensemble des solutions est un torseur sous le groupe $\mathrm{Ext}^o(Lh_o^*(L_{\bullet}^{X/Y}),J) \simeq \mathrm{Hom}(h_o^*(\Omega^1_{X/Y}),J)$. Ici $L_{\bullet}^{X/Y}$ est le complexe cotangent relatif de X sur Y défini dans (9.1.7), Lh_o^* désigne l'image inverse au sens des catégories dérivées, et les Ext^i et Hom sont pris sur le topos annelé Z_o (les Ext^i étant bien entendu des "hyperext" globaux).

Remarques 11.1.6. A quelques questions mineures de fonctorialités (9.3) et de compatibilités (11.1.7) près, on peut considérer que l'énoncé 11.1.5 résume la "signification géométrique" du complexe cotangent relatif $L_{\bullet}^{X/Y}$, en termes de questions d'extensions infinitésimales de morphismes de topos annelés. Il convient pour les applications d'ajouter certaines remarques, à peu près évidentes :

a) Si dans 11.1.2 , au lieu de travailler avec des topos annelés, on travaillait avec des espaces topologiques annelés, les réflexions faites pourraient se répéter mot pour mot dans ce contexte, et en fait on constate que l'on a une correspondance biunivoque canonique et évidente entre l'ensemble des solutions du problème posé en termes d'espaces annelés, et le problème posé en termes des topos annelés correspondants. Cela provient du fait que tout se ramène immédiatement à des questions d'Anneaux sur resp. dans Z_o.

b) Si les topos annelés resp. les espaces annelés envisagés dans (11.1.2.1) sont <u>localement annelés</u> (pour la définition de cette notion dans le cas des topos annelés, cf. [11]), et les morphismes f, h_o, g, i sont "admissibles" (ce qui s'exprime, dans le cas des espaces annelés, par le fait que les homomorphismes d'anneaux induits sur les fibres sont des homomorphismes <u>locaux</u> d'anneaux locaux), alors on constate aussitôt que pour toute solution h du problème posé, h est nécessairement admissible.

c) Conjugant les remarques a) et b) , on voit par exemple que si (11.1.2.1) est un diagramme commutatif dans la catégorie (Sch) des schémas, et si on se propose de chercher les Y-morphismes de schémas $h : Z \longrightarrow X$ qui prolongent h_o, alors la solution du problème s'exprime en termes de $Lh_o^*(L_.^{X/Y})$ (qui est un complexe à cohomologie quasi-cohérente sur Z_o grâce à 9.4.6), comme il est dit dans 11.1.5 (comparer avec 8.9).

11.1.7. Pour pallier le manque de précision dans l'énoncé de 11.1.5 (qui omet de préciser la définition explicite de l'obstruction envisagée), donnons une propriété fonctorielle simple de cette obstruction, qui nous servira plus bas. Considérons un diagramme commutatif de topos annelés

(11.1.7.1)
$$\begin{array}{ccccccc} X' & \xleftarrow{\beta} & X & \xleftarrow{h_o} & Z_o & \xleftarrow{\alpha} & Z'_o \\ \downarrow{\scriptstyle f'} & & \downarrow{\scriptstyle f} & & \downarrow{\scriptstyle i} & & \downarrow{\scriptstyle i'} \\ Y' & \longleftarrow & Y & \xleftarrow{g} & Z & \longleftarrow & Z' \end{array} ,$$

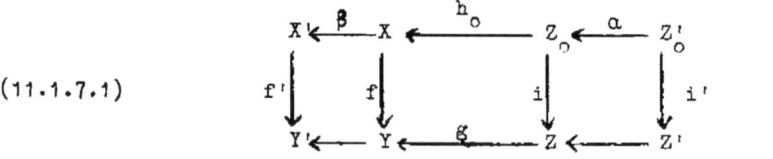

où i et i' sont des immersions d'ordre 1. On se propose d'exprimer l'obstruction à prolonger le composé horizontal supérieur $h_o' = \beta\, h_o \alpha$: $Z_o' \longrightarrow X'$ en un Y'-morphisme $Z' \longrightarrow X'$, en termes de l'obstruction analogue à prolonger h_o en un Y-morphisme $h : Z \longrightarrow X$. Ces obstructions peuvent s'interpréter comme des homomorphismes dans la catégorie dérivée $D(Z_o')$ resp. $D(Z_o)$,

(11.1.7.2) $c' : Lh_o'^*(L_\cdot^{X'/Y'}) \longrightarrow J'[1]$ resp. $c : Lh_o^*(L_\cdot^{X/Y}) \longrightarrow J[1]$,

où J, J' désignent encore les Idéaux d'augmentation pour les immersions i, i' d'ordre 1 . Ceci dit, je dis que c' n'est autre que le composé

(11.1.7.3)

$$\begin{array}{ccc}
Lh_o'^*(L_\cdot^{X'/Y'}) \xrightarrow{\sim} L(h_o\alpha)^*(L\beta^*(L_\cdot^{X'/Y'})) \longrightarrow L(h_o\alpha)^*(L_\cdot^{X/Y}) \simeq & L\alpha^*(Lh_o^*(L_\cdot^{X/Y})) & \\
 & \Big\downarrow & L\alpha^*(c) \\
 & \alpha^*(J[1]) & \\
 \quad c' \ \searrow \text{(dashed)} & \Big\downarrow & \\
 & J'[1] & ,
\end{array}$$

où la première flèche est un isomorphisme de transitivité, la deuxième est déduite de l'homomorphisme de fonctorialité du type (9.3.13) en lui appliquant le foncteur $L(h_o\alpha)^*$, la troisième est un isomorphisme de transitivité, la quatrième se déduit de c en appliquant $L\alpha^*$, enfin la dernière est induite par α de la façon évidente.

Bien entendu, la vérification de cette brillante compatibilité est laissée au lecteur (cf. commentaire à la fin de l'Introduction).

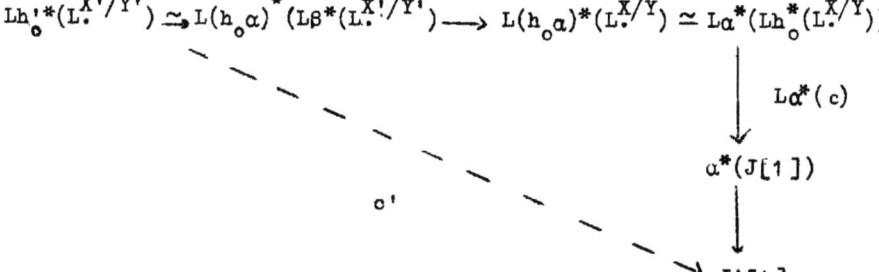

11.2. Morphismes formellement nets de topos annelés, et voisinage infinitésimal du premier ordre.

11.2.1 Etant donné un topos X et un homomorphisme d'Anneaux commutatifs

$$A \longrightarrow B$$

de X, on dit que la A-Algèbre B est formellement nette, ou que B est formellement net sur A , si on a la relation

(11.2.1.1) $\Omega^1_{B/A} = 0$,

ou ce qui revient au même, si on a un isomorphisme dans D(B) :

(11.2.1.2) $L_{\cdot}^{B/A} \simeq N[1]$,

où N est un B-Module, nécessairement isomorphe d'ailleurs à $N_{B/A}$. (Les notations sont toujours celles de 9.1.) On a vu dans 5.8 des façons équivalentes d'exprimer la relation (11.2.1.1), soit en disant que pour toute extension de A-Algèbres E de B par un B-Module J comme Idéal de carré nul, tout automorphisme d'extension de E est l'identité (rigidité de la catégorie des extensions de A-Algèbres de B par J), ou en exigeant la même chose dans le cas particulier où E est l'extension triviale $E = D_B(J)$, ou en disant que le foncteur naturel

$$\underline{\mathrm{Exalcom}}_A(B,-) \longrightarrow \mathrm{Mod}(B)$$

est fidèle, ou enfin que ce foncteur fait de $\underline{\mathrm{Exalcom}}_A(B,-)$ une catégorie cofibrée sur Mod(B) qui est Mod(B)-équivalente à la catégorie cofibrée à fibres discrètes définie par le foncteur représentable $J \longmapsto \mathrm{Hom}_B(N_{B/A},J)$. (Dans la terminologie de 5.9 , nous dirons aussi que $\underline{\mathrm{Exalcom}}_A(B,-)$ est une catégorie cofibrée additive nette sur Mod(C)). On retiendra surtout que pour tout B-Modul J , la donnée d'une extension commutative de A-algèbres de B par J comme Idéal de carré nul, à isomorphisme unique près, équivaut à la donnée d'un homomorphisme

(11.2.1.3) $$N_{B/A} \longrightarrow J \quad ,$$

savoir l'homomorphisme caractéristique associé.

11.2.2. Conformément à la théorie générale 5.9 , on voit donc que si B est formellement net sur A, alors dans la catégorie $\underline{\text{Exalcom}}_A(B,-)$ des extensions d'Algèbres commutatives de B par des Idéaux de carré nul, il existe à isomorphisme unique près un seul objet E qui soit à la fois une A-algèbre nette, et un objet maximal (ou encore, quasi-maximal (4.4)) de la catégorie $\underline{\text{Exalcom}}_A(B,-)$: c'est l'extension par $N_{B/A}$ dont l'homomorphisme caractéristique (11.2.1.3) est l'application identique. (Remarquer pour ceci que l'objet Ω_E intervenant dans 5.9 , défini dans 3.1 , n'est autre que $\Omega^1_{E/A} \otimes_E B$, comme il a été vu dans 7.2.3 , évidemment nul si et seulement si $\Omega^1_{E/A}$ l'est.) Cette extension sera appelée <u>l'invariant différentiel normal d'ordre</u> 1 de la A-Algèbre nette B .

Pour donner une justification intuitive de cette terminologie, considérons le cas particulier où $A \longrightarrow B$ est un homomorphisme surjectif, de sorte que B est A-isomorphe à un quotient

(11.2.2.1) $$B \simeq A/I \quad ,$$

ce qui implique évidemment

(11.2.2.2) $$\Omega^1_{B/A} = 0 \quad , \quad N_{B/A} \simeq I/I^2 \quad ,$$

(isomorphisme canonique), l'homomorphisme caractéristique

$$N_{B/A} = I/I^2 \longrightarrow J$$

d'une extension E de A-Algèbres de A/I par J étant simplement l'homomorphisme induit par passage au quotient par l'homomorphisme $I \longrightarrow J$ induit par $A \longrightarrow E$. On voit alors que l'invariant différentiel normal d'ordre 1 de B sur A est la A-algèbre B/I^2 ; considérée comme extension de B/I par l'Idéal de carré nul I/I^2 .

11.2.3. Soit maintenant

$$f : X \longrightarrow Y$$

un morphisme de topos annelés, et prenons dans ce qui précède

$$A = f^{-1}(\underline{O}_Y) \quad , \quad B = \underline{O}_X \quad .$$

Nous dirons que le morphisme est <u>formellement net</u> lorsque B est formellement net sur A, i.e. lorsque l'on a

$$\Omega^1_{X/Y} = 0 \quad .$$

Nous laissons au lecteur le soin de reformuler dans ce contexte les façons équivalentes signalées dans 11.2.1 d'exprimer la condition précédente. Pour faire ceci, il y a lieu de donner une traduction en langage géométrique de la catégorie cofibrée $\underline{\text{Exalcom}}_A(B,-)$. Celle-ci est en effet isomorphe à la catégorie opposée de la catégorie formée des diagrammes commutatifs

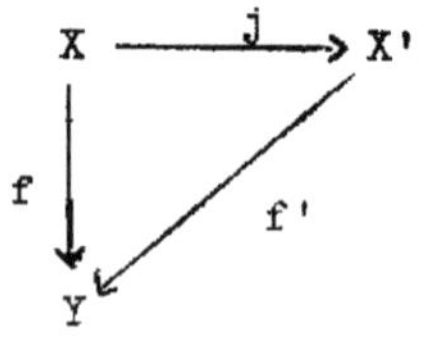

,

où f est le morphisme donné de topos annelés, où j est une immersion d'ordre 1 (cf. 11.1.2) de topos annelés, induisant l'identité sur les topos tout court sous-jacents, et où f' est un morphisme de topos annelés. Le foncteur structural $\underline{\mathrm{Exalcom}}_A(B,-) \longrightarrow \mathrm{Mod}(B) = \mathrm{Mod}(\underline{O}_X)$ s'interprète dans ce langage comme le contrafoncteur qui, au diagramme précédent, associe le noyau du morphisme correspondant d'Anneaux sur X

$$j^{-1}(\underline{O}_{X'}) \longrightarrow \underline{O}_X \quad .$$

Lorsque f est formellement net, l'invariant différentiel normal d'ordre 1 de B sur A (11.2.2) correspond dans cette traduction à un topos annelé X' qui s'appelle le <u>premier voisinage infinitésimal de</u> X <u>dans</u> Y (relativement au morphisme formellement net f), et qu'on pourra noter aussi $X_f^{(1)}$, ou simplement $X^{(1)}$ si aucune confusion n'est à craindre, en accord avec les conventions de EGA IV 16.1.2. Pour faire le lien avec ces dernières, notons que lorsqu'on travaille avec des espaces annelés (tels des schémas...), il y a lieu "d'identifier" souvent dans les notations ces espaces avec les topos associés, de sorte que $X_f^{(1)}$ désignera alors indifféremment l'espace annelé envisagé dans loc. cit. ou le topos annelé associé. On notera que dans loc. cit. on suppose que l'homomorphisme $A \longrightarrow B$ est surjectif, ce qui implique évidemment que $\Omega^1_{B/A} = \Omega^1_{X/Y} = 0$, de sorte que f est bien "formellement net" et que la définition de 11.2.2 de l'invariant différentiel normal du premier ordre s'applique dans ce cas ; d'ailleurs l'exemple traité à la fin de 11.2.2 montre précisément que la terminologie utilisée ici est bien en accord avec celle de EGA IV 16.1.2 . Notons enfin que si $f : X \longrightarrow Y$ provient d'un morphisme de schémas (noté encore $f : X \longrightarrow Y$), alors f est formellement net au sens du présent exposé si et seulement si il l'est au sens de EGA IV 17.1.1 , grâce au critère différentiel EGA IV 17.2.1 .

Dans l'esprit de la définition de EGA IV 16.1.2 , notons d'ailleurs :

Proposition 11.2.4. Soit $f : X \longrightarrow Y$ un morphisme de topos annelés. Pour que f soit formellement net, il faut et il suffit qu'il satisfasse à la condition suivante : pour tout diagramme commutatif comme (11.1.2.1), où f est le morphisme donné, et i une immersion d'ordre 1 (resp. une "immersion nilpotente" (*)), il existe au plus un Y-morphisme $h : Z \longrightarrow X$ qui prolonge h_o , i.e. au plus un morphisme h tel que $fh = g$, $hi = h_o$.

Cet énoncé est en effet une conséquence immédiate de 11.1.5, qui implique la nécessité dans le cas d'une immersion d'ordre 1, donc dans le cas d'une immersion "d'ordre n" par récurrence sur n . La suffisance s'obtient en prenant $Z_o = X$, $Z = (|X|, D_B(\Omega^1_{B/A}))$. En fait, 11.1.5 donne plus d'information, en nous apprenant que lorsque la condition de netteté formelle est vérifiée, alors (comme $L^{X/Y}_{\cdot} \simeq N_{X/Y}[1]$ donc $Lh_o^*(L^{X/Y}_{\cdot}) \simeq Lh_o^*(N_{X/Y})[1]$) l'obstruction à l'existence du h (dont l'unicité vient d'être affirmée) peut s'interpréter comme un élément de $Hom(h_o^*(N_{X/Y}),J)$ (où J est défini par 11.1.2.2) ; i.e. comme un homomorphisme (en fait, comme on le verra plus bas, c'est un "homomorphisme caractéristique" au sens de 4.3) :

(11.2.4.1) $$\chi : h_o^*(N_{X/Y}) \longrightarrow J .$$

On peut donner une autre interprétation (11.2.6) de cet homomorphisme caractéristique, à l'aide d'une caractérisation universelle

(*) i.e. donnant lieu à une suite exacte (11.1.2.2), avec J un Idéal nilpotent.

remarquable du premier voisinage infinitésimal, que voici :

Proposition 11.2.5. Considérons un carré commutatif (11.1.2.1) de topos annelés, avec f formellement net (11.2.3), i une immersion d'ordre 1 (11.1.2). Soit d'autre part

$$\begin{array}{ccc} X & \xrightarrow{\;j\;} & X^{(1)} \\ {\scriptstyle f}\downarrow & \swarrow {\scriptstyle f^{(1)}} & \\ Y & & \end{array}$$

le premier voisinage infinitésimal de X dans Y pour f (11.2.3). Il existe alors un et un seul morphisme

$$g' : Z \longrightarrow X^{(1)}$$

tel que

$$g'i = jh_o \ , \quad f^{(1)}g' = g \quad ,$$

i.e. un et un seul Y-morphisme g' qui prolonge $jh_o : Z_o \longrightarrow X \longrightarrow X^{(1)}$.

L'unicité est claire par 11.2.4 , puisque par définition $f^{(1)}$ est formellement net. Pour prouver l'existence, il suffit de prouver que l'obstruction à la dite existence, qui d'après l'observation faite après 11.2.4 peut s'interpréter comme un homomorphisme

$$\chi^{(1)} : h_o^*(N_{X^{(1)}/Y}) \longrightarrow J \quad ,$$

est nulle. Pour ceci, nous allons la comparer avec l'obstruction (11.2.4.1) à relever h_o en un Y-morphisme $h : Z \longrightarrow X$, en appliquant la compatibilité de 11.1.7 au cas du diagramme

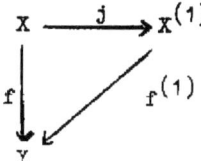

$$\begin{array}{ccccc} X^{(1)} & \xleftarrow{\ j\ } & X & \xleftarrow{\ h_o\ } & Z_o \\ {\scriptstyle f^{(1)}}\downarrow & & \downarrow{\scriptstyle f} & & \downarrow \\ Y & \xleftarrow[\ id_Y\ ]{} & Y & \xleftarrow[\ g\ ]{} & Z \end{array} .$$

On trouve le diagramme commutatif

$$(*) \qquad \begin{array}{ccc} (jh_o)^*(N_{X^{(1)}/Y}) & \xrightarrow{\ h_o^*(j^*)\ } & h_o^*(N_{X/Y}) \\ & {\scriptstyle \chi^{(1)}}\searrow \quad \swarrow{\scriptstyle \chi} & \\ & J & \end{array} ,$$

de sorte qu'il suffit de prouver que l'homomorphisme horizontal de ce diagramme est nul. C'est ici bien sûr qu'il faut utiliser le caractère <u>maximal</u> de l'extension $\chi^{(1)}$ d'ordre 1 de X nette sur Y . On utilise la suite exacte de transitivité (10.5.20) dans le cas particulier

$$X \xrightarrow{\ j\ } X^{(1)} \xrightarrow{\ f^{(1)}\ } Y \quad ,$$

on trouve la suite exacte de Modules sur X :

$$N_{X^{(1)}/Y,X} \xrightarrow{\ j^*\ } N_{X/Y} \xrightarrow{\ \chi\ } \underset{\substack{\parallel \\ A}}{N_{X/X^{(1)}}} \longrightarrow j^*(\Omega^1_{X^{(1)}/Y}) \longrightarrow \Omega^1_{X/Y} \longrightarrow \underset{\substack{\parallel \\ 0}}{\Omega^1_{X/X^{(1)}}} \longrightarrow 0 \quad ,$$

variable en fait pour tout extension $X^{(1)}$ d'ordre 1 de X sur Y par un Idéal A . Comme il a été signalé dans 10.5.23 , l'homomorphisme χ dans cette suite exacte n'est autre que l'homomorphisme caractéristique de l'extension $X^{(1)}$. Lorsque f est formellement net, dire que $X^{(1)}$ est le voisinage infinitésimal d'ordre 1 de X dans Y , revient par définition à dire que χ est un isomorphisme, ce qui équivaut (compte tenu que $\Omega^1_{X/Y} = 0$) au fait que $j^*(\Omega^1_{X^{(1)}/Y}) = 0$ i.e. $\Omega^1_{X^{(1)}/Y} = 0$ i.e. $X^{(1)} \longrightarrow Y$

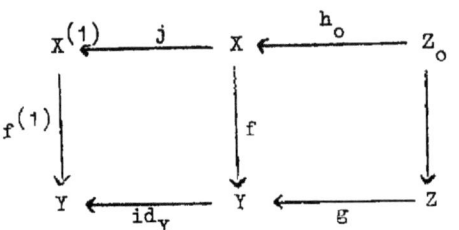

formellement net, *et* que l'homomorphisme j^* dans la suite exacte précédente soit nul. D'ailleurs, grâce au fait que $\Omega^1_{X^{(1)}/Y} = 0$, on trouve que la source de j^* n'est autre que $j^*(N_{X^{(1)}/Y})$, donc la deuxième condition signifie que l'homomorphisme de fonctorialité (cf. 9.3.15)

$$j^*(N_{X^{(1)}/Y}) \longrightarrow N_{X/Y}$$

est nul. Appliquant le foncteur h_o^* à ce dernier homomorphisme, on trouve que l'homomorphisme $h_o^*(j^*)$ du diagramme (*) est nul, ce qui achève la démonstration de 11.2.5 .

Corollaire 11.2.6. *Avec les notations de* 11.2.5 , *considérons le morphisme suivant* (h_o, g') *d'immersions d'ordre* 1 :

$$\begin{array}{ccc} X & \xleftarrow{\;h_o\;} & Z_o \\ {\scriptstyle j}\downarrow & & \downarrow{\scriptstyle i} \\ X^{(1)} & \xleftarrow[\;g'\;]{} & Z \end{array} \quad ,$$

il induit un homomorphisme pour les Idéaux d'augmentation correspondants

$$h_o^*(N_{X/Y}) \longrightarrow J \quad .$$

Cet homomorphisme n'est autre que l'homomorphisme (11.2.4.1) *d'obstruction à l'existence d'un* Y-*morphisme* $h : Z \longrightarrow X$ *qui prolonge* h_o.

La vérification est laissée au lecteur.

11.3. *Voisinages infinitésimaux d'ordre quelconque pour un morphisme formellement net, et complété formel.*

11.3.1. *Terminologie*. Un morphisme

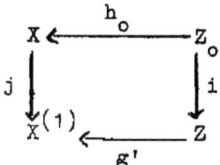

$$i : X \longrightarrow X'$$

de topos annelés est appelé une *immersion nilpotente* si i induit une équivalence pour les topos sous-jacents, et si l'homomorphisme d'Anneaux

$$i^{-1}(\underline{O}_{X'}) \longrightarrow \underline{O}_X$$

est un épimorphisme dont l'Idéal noyau J est nilpotent, i.e. satisfait à la condition

$$J^{n+1} = 0$$

pour un entier $n \geq 0$ convenable. On dit alors que i est une *immersion* (nilpotente) *d'ordre* n . Lorsque les topos sous-jacents à X et X' sont les mêmes et le morphisme de topos sous-jacent à i est l'identité, on dit aussi que X' est une *extension infinitésimale d'ordre* n , ou *un voisinage infinitésimal* (*absolu*) *d'ordre* n, de X, au lieu de dire que i est une immersion d'ordre n ; lorsque n n'est pas précisé, on parle simplement *d'extension infinitésimale* ou *de voisinage infinitésimal* (absolu) de X.

Lorsque X se trouve au-dessus d'un topos annelé Y :

$$f : X \longrightarrow Y \quad ,$$

on appelle *extension infinitésimale* de X sur Y, tout diagramme commutatif

$$\begin{array}{ccc} X & \xrightarrow{\ i\ } & X' \\ {\scriptstyle f}\downarrow & \swarrow{\scriptstyle f'} & \\ Y & & \end{array} \quad ,$$

où f est le morphisme donné, et où i est un morphisme d'extension infinitésimale de X ; quand il y a lieu, on précise "d'ordre n" comme plus haut. La donnée d'un tel objet revient donc à la donnée d'un homomorphisme de A-Algèbres $B' \longrightarrow B$ donnant lieu à la suite exacte et la relation :

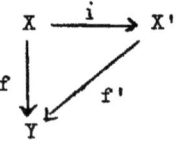

$$0 \longrightarrow J \longrightarrow B' \longrightarrow B \longrightarrow 0 \quad , \quad J^{n+1} = 0 \quad ,$$

où on a posé, comme d'habitude

$$A = f^{-1}(\underline{O}_Y) \ , \quad B = \underline{O}_X \quad .$$

Pour f fixé, les extensions infinitésimales de X sur Y forment une catégorie de façon évidente, en utilisant par exemple l'interprétation précédente en termes d'extensions d'Algèbres (et renversant les flèches comme à l'accoutumé). Nous nous intéresserons à la sous-catégorie pleine $\mathfrak{V}(f)$ de la catégorie de ces extensions, formée des extensions infinitésimales X' de X sur Y qui sont formellement nettes sur Y, en supposant que f lui-même est formellement net (de sorte que X lui-même est un objet de la catégorie envisagée, lequel objet est évidemment un objet initial). Evidemment, compte tenu de 11.2.4 , la catégorie $\mathfrak{V}(f)$ est une catégorie ordonnée, i.e. pour deux objets de cette catégorie, il y a au plus une flèche de l'un à l'autre. Nous ordonnerons Ob $\mathfrak{V}(f)$ en écrivant $X' \leq X''$ lorsqu'il existe un morphisme $X' \longrightarrow X''$ (par quoi on entend évidemment : un Y-morphisme compatible avec les "augmentations" $X \longrightarrow X'$ et $X \longrightarrow X''$). On pourra appeler <u>voisinage infinitésimal de</u> X <u>dans</u> Y (pour le morphisme f) toute classe d'isomorphie d'objets de $\mathfrak{V}(f)$, ou ce qui revient au même, un objet de l'ensemble ordonné associé à l'ensemble préordonné Ob $\mathfrak{V}(f)$. Les voisinages infinitésimaux de X dans Y forment donc un ensemble ordonné, ayant X lui-même comme plus petit élément. La notion de "<u>voisinage infinitésimal d'ordre</u> n <u>de</u> X <u>dans</u> Y " se définit alors de façon évidente ; tout voisinage infinitésimal relatif contenu dans un voisinage infinitésimal relatif d'ordre n est lui-même d'ordre n . Bien entendu, à un voisinage infinitésimal relatif X' de X/Y , on peut associer une $A = f^{-1}(\underline{O}_Y)$-Algèbre $\underline{O}_{X'}$ sur le topos $|X|$ associé à X , laquelle Algèbre est déterminée à isomorphisme unique près, et munie d'un <u>épimorphisme d'augmentation</u> canonique :

$$\underline{O}_{X'} \longrightarrow B = \underline{O}_X \quad ,$$

à Idéal noyau nilpotent ; elle dépend fonctoriellement de X (de façon contravariante).

<u>Théorème</u> 11.3.2. <u>Soit</u> f : X ⟶ Y <u>un morphisme formellement net</u> (11.2.3) <u>de topos annelés. Avec les notations et la terminologie qu'on vient d'introduire, on a ce qui suit</u> :

a) <u>Pour tout entier</u> $n \geq 0$, <u>l'ensemble des voisinages infinitésimaux d'ordre</u> n <u>de</u> X <u>dans</u> Y <u>(relativement à</u> f) <u>admet un plus grand élément</u> $X^{(n)}_f = X^{(n)}$.

b) <u>Pour tout diagramme commutatif de la forme</u> (11.1.2.1) <u>de topos annelés, où</u> f <u>est le morphisme donné, et où</u> i <u>est un morphisme d'immersion d'ordre</u> n, <u>il existe un unique morphisme</u> $g_n : Z \longrightarrow X^{(n)}$ <u>tel que l'on ait</u>

$$f^{(n)} g_n = g \quad , \quad g_n i = j^{(n)} h_o \quad ,$$

<u>où</u> $f^{(n)} : X^{(n)} \longrightarrow Y$ <u>et</u> $j^{(n)} : X \longrightarrow X^{(n)}$ <u>sont les morphismes de topos annelés définissant la structure d'extension infinitésimale de</u> X <u>sur</u> Y .

c) <u>Soit, pour tout entier</u> $n \geq 0$, $B_n = \underline{O}_{X^{(n)}}$, <u>de sorte que pour</u> $n' \geq n \geq 0$, <u>le morphisme d'inclusion évident</u> $X^{(n)} \longrightarrow X^{(n')}$ définit un homomorphisme de A-Algèbres $(A = f^{-1}(\underline{O}_Y))$:

$$\varphi_{n,n'} : B_{n'} \longrightarrow B_n \quad ,$$

<u>et qu'on obtient un système projectif</u> $(B_n)_{n\geq 0}$ <u>de A-Algèbres sur le topos</u> $|X|$ <u>sous-jacent à</u> X . <u>Ce système projectif est</u> adique , i.e. <u>si pour tout</u>

entier $n \geq 0$, on désigne par J_n le noyau de l'homomorphisme de transition $B_n \longrightarrow B_o = B$, (de sorte qu'on a

$$(J_n)^{n+1} = 0$$

pour tout $n \geq 0$) , l'homomorphisme $\varphi_{n,n'} : B_{n'} \longrightarrow B_n$ induit un isomorphisme

(11.3.2.1) $$B_{n'}/J_{n'}^{n+1} \simeq B_n \qquad \text{pour } n' \geq n \geq 0 \ .$$

d) Pour tout morphisme $X' \longrightarrow X''$ de voisinages infinitésimaux de X dans Y, l'homomorphisme correspondant de $f^{-1}(\underline{O}_Y)$-Algèbres $\underline{O}_{X''} \longrightarrow \underline{O}_{X'}$ est un épimorphisme (*). Par suite, compte tenu de a), les voisinages infinitésimaux d'ordre n de X dans Y correspondent biunivoquement aux Idéaux J de B_n contenus dans J_n , à l'Idéal J étant associé le voisinage infinitésimal X' dont la A-algèbre structurale est B_n/J , le morphisme d'augmentation $X \longrightarrow X'$ étant défini par le morphisme de passage au quotient $B_n/J \longrightarrow B_n/J_n = B_o = \underline{O}_X$.

Démonstration de 11.3.2. Notons d'abord que pour un voisinage infinitésimal $X^{(n)}$ donné de X dans Y , la validité de la condition b) de l'énoncé implique évidemment la validité de la condition a), (de sorte que $X^{(n)}$ est uniquement déterminé par la condition b)). D'autre part, si n' est un entier tel que $0 \leq n \leq n'$, et si $X^{(n')}$ satisfaisant à b) pour l'entier n' existe, alors il existe aussi $X^{(n)}$ satisfaisant à b) pour l'entier n , et il s'obtient via la A-Algèbre B_n définie en termes de $B_{n'} = \underline{O}_X(n')$ par la formule (11.3.2.1). Cela résulte en effet aussitôt des définitions. Ceci montre que pour prouver a) et b), il suffit de le faire pour les entiers n de la forme

(*) (en tant qu'homomorphisme de faisceaux d'ensembles).

$$n = 2^m - 1 \quad , \quad \text{avec} \quad m \geq 1 \; .$$

D'autre part, les considérations qui précèdent montrent qu'on a alors également c). Pour construire les

$$Z_m = X^{(2^m-1)} \quad ,$$

on note d'abord que pour $m = 1$ i.e. $n = 1$, on peut prendre pour $Z_1 = X^{(1)}$ le "voisinage infinitésimal d'ordre 1 de X dans Y " défini dans 11.2.3 , qui satisfait à b) grâce à 11.2.5. On procède ensuite par récurrence sur m, supposant construit déjà $Z_m = X^{(2^m-1)}$, et construisant ensuite Z_{m+1}. Pour ceci, comme Z_m est formellement net sur Y, on peut définir Z_{m+1} par

$$Z_{m+1} = Z_m^{(1)} \quad ,$$

(premier voisinage infinitésimal de Z_m dans Y). Il faut prouver que Z_{m+1} ainsi défini satisfait à la condition b) pour $n = 2^{m+1}-1$. Soit donc J l'Idéal de $\underline{O}_Z$ défini par (11.1.2.2), de sorte que par hypothèse on a

$$J^{n+1} = J^{2^{m+1}} = 0 \quad .$$

Or cela peut aussi s'écrire

$$J'^2 = 0 \quad , \quad \text{où} \quad J' = J^{2^m} \; .$$

Soit donc Z' le "sous-topos annelé" de Z ayant même topos sous-jacent, et $\underline{O}_Z/J'$ comme Anneau structural, de sorte qu'on a le diagramme commutatif

$$\begin{array}{ccc} X & \xleftarrow{\;h_o\;} & Z_o \\ & & \downarrow{\scriptstyle i'} \\ {\scriptstyle f}\downarrow & & Z' \\ & & \downarrow{\scriptstyle i''} \\ Y & \xleftarrow[\;g\;]{} & Z \end{array} \quad ,$$

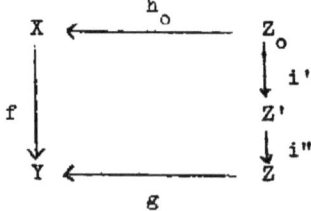

avec $i = i''i'$, i' étant une immersion d'ordre 2^m-1 , et i'' une immersion d'ordre 1 . Par hypothèse de récurrence, on trouve un Y-morphisme

$$g' : Z' \longrightarrow Z_m$$

qui prolonge h_o , puis par construction de Z_{m+1} en termes de Z_m, on trouve un Y-morphisme

$$g_n : Z \longrightarrow Z_{m+1}$$

qui prolonge le morphisme précédent g', et qui est le morphisme cherché. Cela achève la démonstration de 11.3.2 a) à c) , il reste à prouver d). Notons que le fait que $X' \longrightarrow Y$ est formellement net implique aussitôt (par la suite exacte de transitivité (10.5.20) des Ω^1 pour $X' \longrightarrow X'' \longrightarrow Y$) qu'il en est de même de $X' \longrightarrow X''$. L'assertion d) résulte alors aussitôt du lemme suivant, appliqué à $\underline{O}_{X''} \longrightarrow \underline{O}_{X'}$:

Lemme 11.3.2.2. Soient X un topos, $A \longrightarrow B$ un homomorphisme d'Anneaux de X , supposons B formellement net sur A et qu'il existe des Idéaux nilpotents $I \subset A$, $J \subset B$ tels que $A \longrightarrow B$ induise un isomorphisme $A/I \to B/J$. Alors $A \longrightarrow B$ est un épimorphisme (en tant qu'homomorphisme de faisceaux d'ensembles), et $J = IB$.

Il suffit évidemment, puisque I est nilpotent, de prouver que $A \longrightarrow B/IB$ est un épimorphisme et $J = IB$, ce qui nous ramène (remplaçant A par A/I , et B par B/IB) au cas où $I = 0$, et à prouver que dans ce cas on a $J = 0$, ou ce qui revient au même puisque J est nilpotent, que $J = J^2$. Quitte à remplacer B par B/J^2 , on peut supposer que $J^2 = 0$. Mais alors l'hypothèse que $A \longrightarrow B/J$ est bijectif nous montre que B est isomorphe à l'extension triviale $D_A(J)$ de A par J, et un calcul immédiat montre qu'on a alors $\Omega^1_{B/A} \simeq J$. Comme le premier membre est nul par hypothèse, il en est de même de J , cqfd.

11.3.3. Avec les notations de 11.3.2 , on appellera l'Algèbre B_n du topos $|X|$ sous-jacent à X le n.ème <u>invariant normal de</u> f, ou de X dans Y , et on appellera $X^{(n)} = (|X|,B_n)$ <u>le</u> n.<u>ème voisinage infinitésimal de</u> X <u>dans</u> Y (pour le morphisme f). Cette terminologie est en harmonie avec celle de EGA IV 16.1.1 , si on tient compte du fait, immédiat, que dans le cas où $f^{-1}(\underline{O}_Y) \longrightarrow \underline{O}_X$ est un épimorphisme, de noyau J, alors B_n s'identifie simplement à $f^{-1}(\underline{O}_Y)/J^{n+1}$.

Grâce à 11.3.2 d), la connaissance du n.ème invariant normal implique la connaissance de tous les voisinages infinitésimaux d'ordre n de X dans Y, et de même la connaissance du système projectif $(B_n)_{n\geq 0}$ sur X implique la connaissance de tous les voisinages infinitésimaux (d'ordre quelconque) de X dans Y .

11.3.4. On voit, grâce à la caractérisation 11.3.2 b) de B_n, que la construction de B_n est de nature locale sur X, - dans un sens évident qu'on laisse au lecteur d'expliciter. En particulier, si $f : X \longrightarrow Y$ provient d'un morphisme de schémas, encore noté $f : X \longrightarrow Y$, la connaissance locale sur X des B_n i.e. des $X^{(n)}$ est ramenée au cas où X et Y sont affines, d'anneaux B resp. A. Soit dans ce cas $B_{(n)}$ la A-Algèbre augmentée vers B, n.ème invariant normal de B sur A (défini en appliquant la définition ci-dessus dans le cas où X et Y sont des topos ponctuels, munis respectivement des Anneaux B et A). On vérifie alors que $X^{(n)}$ s'identifie au spectre de $B_{(n)}$ (ou, plus correctement, au topos annelé associé à ce spectre). Pour le voir, on est ramené au cas où $n = 1$, grâce à la construction récurrente des $X^{(n)}$ donnée dans la démonstration de 11.3.2. Mais dans le cas $n = 1$, on sait que $B_1 = \underline{O}_{X^{(1)}}$ est une extension de $\underline{O}_X$ par un Idéal de carré nul $N_{X/Y}$ qui est quasi-cohérent en vertu de 9.4.6 , et se calcule par le procédé de 9.4.5. On en conclut tout d'abord que $X^{(1)}$ est bien un schéma affine (EGA I 2ème édition 5.1.9), et on vérifie ensuite que son anneau est bien B_1 grâce à la construction 9.4.5. On conclut de ceci que lorsque $f : X \longrightarrow Y$ est un morphisme formellement net de schémas, alors le n.ème voisinage infinitésimal $X^{(n)}$ de X dans Y (interprété comme un espace topologique annelé) est encore un schéma.

11.4. Morphismes formellement étales de topos annelés.

Proposition 11.4.1. *Soit* $f : X \longrightarrow Y$ *un morphisme de topos localement annelés. Les conditions suivantes sont équivalentes :*

a) *Pour tout diagramme commutatif comme* (11.1.2.1), *avec* i *une immersion nilpotente, il existe un unique* $h : Z \longrightarrow X$ *rendant commutatif le diagramme* (11.1.2.3), i.e. *un unique* Y-*morphisme qui prolonge* h_o.

a') *Comme* a), *mais avec* i *une immersion d'ordre* 1.

b) f *est formellement net, et le morphisme d'augmentation* $X \longrightarrow X^{(1)}$ *de* X *dans le premier voisinage infinitésimal de* X *dans* Y (11.2.3) *est un isomorphisme.*

b') f *est formellement net, et la condition* a) *est satisfaite dans le cas du carré canonique*

$$\begin{array}{ccc} X & \xleftarrow[\sim]{id_X} & X \\ \downarrow & & \downarrow \\ Y & \xleftarrow{f^{(1)}} & X^{(1)} \end{array} ,$$

où $X^{(1)}$ est le premier voisinage infinitésimal de X dans Y.

c) $L_{\cdot}^{X/Y} = 0$ dans la catégorie dérivée $D(X)$, i.e. on a

$$\Omega^1_{X/Y} = 0 \quad , \quad N_{X/Y} = 0 \quad .$$

Démonstration : a) $\Longrightarrow$ a') est trivial, a') $\Longrightarrow$ b') résulte aussitôt de 11.2.4 , b' $\Longrightarrow$ b) car en présence de b'), b) signifie que l'Idéal d'augmentation $N_{X/Y}$ de $X^{(1)}$ est nul, condition qui résulte par exemple de 11.2.6 ; b) $\Longrightarrow$ c) est trivial, enfin c) $\Longrightarrow$ a) en vertu de 11.1.5 par exemple.

11.4.2. Lorsque les conditions de 11.4.1 sont vérifiées, on dit que le morphisme f est formellement étale. Dans le cas où f provient d'un morphisme de schémas, encore noté $f : X \longrightarrow Y$, alors la condition b') montre que pour tester la condition a) , il suffit de le faire dans le cas de carrés (11.1.2.1) de morphismes de schémas (compte tenu du fait que $X^{(1)}$ est lui-même un schéma (11.3.4)). Ceci montre que dans ce cas, la notion de "formellement étale" qu'on vient d'introduire coïncide avec celle de EGA IV 17.1.1 (cf. EGA IV 17.1.2 (iv)).

11.4.3. Considérons des morphismes de topos annelés

$$X \xrightarrow{f} Y \xrightarrow{g} Z \quad ,$$

avec g formellement étale, et f formellement net. Utilisant le critère

11.4.1 a) et la caractérisation 11.3.2 b) du n.ème voisinage infinitésimal $X^{(n)}$ de X dans Y (pour f), on voit que ce dernier s'identifie également au n.ème voisinage infinitésimal de X dans Z (pour gf). Cela permet donc une construction immédiate du n.ème voisinage infinitésimal de X dans Z (pour un morphisme donné $h : X \longrightarrow Z$ formellement net) lorsque $h : X \longrightarrow Z$ peut se factoriser comme ci-dessus en gf , avec g formellement étale, et f tel que $f^{-1}(\underline{O}_Y) \longrightarrow \underline{O}_X$ soit un épimorphisme : en effet, si J est le noyau de ce dernier, il suffit de prendre $(|X|, f^{-1}(\underline{O}_Y)/J^{n+1})$, compte tenu de la remarque qui précède et de l'exemple donné dans 11.3.3.

Cette construction s'appliquera notamment pour la construction, localement sur X, des voisinages infinitésimaux $X^{(n)}$, pour un morphisme $h : X \longrightarrow Z$ de schémas qui est net, i.e. (EGA IV 17.3.1) formellement net et localement de présentation finie. En effet, on sait (EGA IV 18.4.7) qu'un tel morphisme se factorise localement en un produit gf, avec g étale (i.e. formellement étale et localement de présentation finie) et f une immersion (et à fortiori, f formellement net).

11.4.4. Soient A un anneau, B une A-algèbre (tout commutatif), B étant formellement net sur A. Considérons le système projectif adique (B_n) des invariants normaux de B sur A , et soit

$$P = \varprojlim B_n \quad ,$$

P étant muni de la topologie limite projective. Il résulte alors aussitôt de 11. 3.2 b) et de la définition (EGA 0_{IV} 19.10.2) que P est une <u>algèbre topologique formellement étale sur</u> A. On peut en déduire, en utilisant EGA IV 17.6.1 , que lorsque A est noethérien, et B de type fini sur A, alors P est une A-algèbre plate. Il est possible que cette conclusion reste valable sans supposer B de type fini sur A, mais seulement A et B noethériens.

12. Applications du complexe cotangent relatif, et problèmes ouverts.

12.1. Résultats de finitude.

12.1.1. Soient A un anneau noethérien, X un schéma propre sur Y = Spec(A) , J un Module cohérent sur X. Considérons $\mathrm{Exalcom}_Y(X,J)$ comme un A-module, grâce au fait que A opère sur J par endomorphismes de Modules. Alors les hypothèses faites impliquent que ce A-module est de type fini. En effet, en vertu de 9.2.1 ce module est isomorphe à $\mathrm{Ext}^1(L_{\cdot}^{X/Y},J)$, où $L_{\cdot}^{X/Y}$ est un complexe de Modules sur X qui est à Modules de cohomologie cohérents en vertu de 9.4.6. Par suite, la suite spectrale

$$E_2^{pq} = \mathrm{Ext}^p(\underline{H}_q(L_{\cdot}^{X/Y}),J) \Longrightarrow \mathrm{Ext}^{\cdot}(L_{\cdot}^{X/Y},J)$$

et le théorème de finitude EGA III 4.5.1 impliquant que les E_2^{pq} sont des A-modules de type fini, montrent que tous les $\mathrm{Ext}^i(L_{\cdot}^{X/Y},J)$ sont des A-modules de type fini.

12.1.2. Soit maintenant A un anneau noethérien, I un idéal de carré nul de A , X_o un schéma propre sur Y_o = Spec(A_o) , où A_o = A/I , donnons nous un quotient cohérent J de $I\otimes_{A_o}\underline{O}_{X_o}$, et proposons-nous de trouver, à isomorphisme près, tous les Y-schémas X (où Y = Spec(A)) , munis d'un isomorphisme $X\times_Y Y_o \simeq X_o$, tels que l'Idéal d'augmentation correspondant à l'immersion $X_o \longrightarrow X$ s'identifie à J . On est donc dans les conditions du n° 8 , cf. remarques 8.9.3. En vertu de 8.8 , l'ensemble des classes d'isomorphie cherchées, s'il n'est pas vide, est de façon naturelle un torseur sous le groupe $G = \mathrm{Ext}^1(L_{X_o/Y_o}, J)$ cf. 8.8.

En vertu de 12.1.1 , le premier membre est un A_o-module de type fini, de sorte que G lui-même est un A_o-module de <u>type fini</u>. Donc lorsqu'on se fixe un élément comme origine dans l'ensemble des classes d'isomorphie cherchées (par exemple, lorsque $A = D_{A_o}(I)$, la classe de $X = X_o \times_{Y_o} Y$, le produit fibré étant défini grâce au morphisme naturel $Y \longrightarrow Y_o$) , cet ensemble lui-même s'identifie à G , et est donc muni d'une structure de A_o-module <u>de type fini</u>.

Le cas le plus important est celui où X_o est <u>plat</u> sur A_o, et où on cherche les couples (X,φ) avec X <u>plat</u> sur A. Il revient au même, d'après le critère de platitude bien connu, que l'Idéal d'augmentation J pour $X_o \to X$ soit identique à $I \otimes_{A_o} \underline{O}_{X_o}$ lui-même, plus précisément que la flèche $I \otimes_{A_o} \underline{O}_{X_o} \to J$ soit un isomorphisme. On est donc dans le cas qui précède, et on trouve un pseudo-torseur sous un A_o-module de type fini G, resp. (si une origine a été choisie) le A_o-module de type fini G, comme ensemble de solutions du problème.

12.1.3. Soit par exemple k un corps, X_o un schéma propre sur k, supposons pour simplifier que X_o n'ait pas d'automorphisme infinitésimal $\neq 0$, i.e. que $\mathrm{Hom}(\Omega^1_{X_o/k}, \underline{O}_{X_o}) = \mathrm{Ext}^0(L.^{X_o/k}, \underline{O}_{X_o})$ soit nul. On sait alors [6,C,n°4] que les variations infinitésimales de structure pour X_o donnent naissance à un foncteur proreprésentable sur la catégorie des k-algèbres locales finies, représenté par un anneau local A , limite projective d'une famille filtrante d'algèbres finies locales k-augmentées A_i sur k . Si

$\underline{m}_i$ est l'idéal maximal de A_i , les $\underline{m}_i/\underline{m}_i^2$ forment un système projectif strict de vectoriels de dimension finie sur k , dont la limite projective a comme dual topologique le vectoriel G défini dans l'alinéa précédent (où on fait $A_o = k$, $A = D_k(k) = k[T]/(T^2)$) , comme il résulte aussitôt des définitions. On voit donc que ce dernier vectoriel est de dimension finie, ce qui signifie aussi que l'anneau A est noethérien, ou encore, isomorphe au quotient d'une algèbre de séries formelles $k[[T_1,\ldots,T_n]]$. Si $\underline{m}$ désigne l'idéal maximal de A , alors $\underline{m}/\underline{m}^2$ est canoniquement isomorphe au dual de G.

Lorsqu'on ne suppose plus que X_o n'ait pas d'automorphisme infinitésimal non nul, le foncteur envisagé dans loc. cit. n'est plus en général proreprésentable, mais néanmoins Schlessinger [15] arrive à définir encore une k-algèbre topologique profinie A , jouant le rôle d'une variété formelle des modules pour les variations infinitésimales de X_o. Les considérations précédentes s'y appliquent encore, et montrent que A est noethérienne.

12.2. Variantes topologiques pour le complexe cotangent relatif.

12.2.1. Soit d'abord k un corps valué complet (le cas le plus intéressant étant sans doute celui où k est le corps $\underline{C}$ des complexes), et soit $f : X \longrightarrow Y$ un morphisme d'espaces analytiques sur k. Il serait intéressant de définir un complexe de chaînes $'L_.^{X/Y}$ de longueur 1 sur X, qui serait un élément de la catégorie dérivée D(X), déterminé à isomorphisme unique près, à modules de cohomologie cohérents , et jouant le même rôle que le complexe cotangent relatif $L_.^{X/Y}$, pour l'étude de la catégorie cofibrée des extensions infinitésimales de X sur Y par des Modules <u>cohérents</u> sur X comme idéaux de carré nul. On notera à ce propos que le complexe cotangent relatif $L_{\cdot}^{X/Y}$ lui-même ne convient pas en général, car déjà son $\underline{H}_o(L_{\cdot}^{X/Y})$ n'est en général pas cohérent.

Dans le cas où le morphisme f : X ⟶ Y est <u>lissifiable</u> , i.e. se factorise en

$$X \xrightarrow{\ i\ } X' \xrightarrow{\ f'\ } Y \quad ,$$

avec f' un morphisme lisse, et i une immersion, un candidat naturel pour le complexe cherché $L_{\cdot}^{X/Y}$ est le complexe

$$[\ J/J^2 \longrightarrow \Omega^1_{X'/Y} \otimes_{\underline{O}_{X'}} \underline{O}_X\ ] \ ,$$

où J est l'Idéal sur X' qui définit l'immersion i (supposée une immersion fermée, ce qui est évidemment loisible), et où le $\Omega^1_{X'/Y}$ désigne la variante analytique complexe du module des différentielles, définie dans [7,14-08]. Un argument standard, dû à Lichtenbaum, montre en tous cas que le complexe ainsi défini, à isomorphisme unique près dans la catégorie dérivée D(X), ne dépend pas de la factorisation choisie de f. Il serait intéressant déjà d'établir pour ce complexe des isomorphismes canoniques du type (9.2.1), pour J un Module <u>cohérent</u> sur X.

12.2.2. L'intérêt de la définition d'un complexe '$L_{\cdot}^{X/Y}$ pour la théorie des espaces analytiques, et notamment des variations de structure des espaces analytiques, est bien évidente à priori. Signalons que ce complexe aura également un rôle important à jouer si on désire donner, dans le cadre analytique complexe, une variante du théorème de Riemann-Roch tel qu'il est développé dans SGA 6 (cf. notamment exposé 0 de loc. cit.).

Signalons une autre application possible d'une théorie des complexes $'L_{\cdot}^{X/Y}$ si $k = \mathbb{C}$. Supposons $f : X \longrightarrow Y$ propre, et supposons qu'il existe un Idéal localement nilpotent $\underline{J}$ sur X tel que le sous-espace analytique X_o qu'il définit soit "algébrique sur Y", i.e. soit isomorphe à l'espace analytique associé à un schéma relatif propre $\mathfrak{X}_o$ sur Y [11]. On veut prouver qu'alors X lui-même est algébrique sur Y. La question est manifestement locale sur Y, de sorte qu'on peut supposer J nilpotent, i.e. qu'il existe un entier n tel que $J^{n+1} = 0$. Par récurrence sur n, on est ramené au cas où $J^2 = 0$. Admettons, comme il est naturel, que $'L_{\cdot}^{X_o/Y}$ soit isomorphe à l'image inverse de $L_{\cdot}^{\mathfrak{X}_o/Y}$ par le morphisme canonique $X_o \longrightarrow \mathfrak{X}_o$, et que cet isomorphe soit compatible avec les isomorphismes de la forme (9.2.1). Alors les théorèmes de comparaison de Grauert-Remmert, sous la forme généralisée de [11] , montrent d'abord que le Module cohérent J sur X_o provient d'un Module cohérent $\mathfrak{J}_o$ sur $\mathfrak{X}_o$, puis que les applications canoniques

$$\mathrm{Ext}^i(L_{\cdot}^{\mathfrak{X}_o/Y}, \mathfrak{J}_o) \longrightarrow \mathrm{Ext}^i('L_{\cdot}^{X_o/Y}, J)$$

sont bijectives. Utilisant ceci pour $i = 1$, on voit que l'élément du deuxième membre défini par l'extension infinitésimale X de X_o sur Y provient d'un élément du premier membre, ce qui fournit un schéma relatif $\mathfrak{X}$ sur Y, donnant X comme espace analytique associé.

12.2.3. Des problèmes tout analogues se posent, donnant lieu aux mêmes réflexions, quand on remplace les espaces analytiques par des espaces rigide-analytiques au sens de Tate [17] , ou par des schémas formels noethériens (EGA I 10). Dans 12.2.2 , le théorème de comparaison de M. Hakim pour les espaces analytiques pourra se remplacer, dans le cas rigide-analytique par les résultats récents de Kiehl [12] , et dans le cas des schémas formels par EGA III par. 4 et 5 . Dans ce dernier cas, on obtiendrait alors une réponse affirmative à une question déjà soulevée dans EGA III 5.4.6.

Il est probable que pour un morphisme de type fini (EGA I 10.13.3) $f : X \longrightarrow Y$ de schémas formels noethériens, on doive parvenir à une définition du complexe cherché $'L_{\cdot}^{X/Y}$ en termes du système projectif des $L_{\cdot}^{X_n/Y_n}$, où Y_n est le schéma ordinaire défini par la puissance (n+1).ème d'un Idéal de définition J de Y , et $X_n = X \times_Y Y_n$ est également un schéma ordinaire. Le cas analytique ou rigide-analytique semble par contre irréductible à la théorie du n° 9, et exiger une idée nouvelle. D'ailleurs la question ainsi soulevée se pose plus généralement pour le complexe cotangent relatif de Quillen, mentionné dans 9.1.9 , dont il conviendrait de donner des variantes tenant compte de la structure topologique des faisceaux d'anneaux, dans les cas analytique, rigide-analytique ou formel.

12.3. Complexe cotangent relatif sur un foncteur $F : (Sch)_{/S}{}^{o} \longrightarrow (Ens)$.
Nous renvoyons à [19] pour le "yoga" utilisé dans cette section.

12.3.1. Soit S un schéma, et soit

$$f : F \longrightarrow G$$

un homomorphisme de foncteurs $(Sch)_{/S}{}^{o} \longrightarrow (Ens)$, définis sur la catégorie des schémas sur S , à valeurs dans la catégorie des ensembles (Ens). On fera au besoin sur ces foncteurs les hypothèses habituelles (compatibilité avec la descente fidèlement plate quasi-compacte, proreprésentabilité, commutativité aux limites inductives filtrantes d'anneaux ...) qui expriment que ces foncteurs sont "proches" de foncteurs représentables, en supposant aussi au besoin S localement noethérien. Le problème consiste en la définition et l'étude d'un "complexe cotangent relatif

$$L_{\cdot}^{F/G}$$

sur F ", qui, dans le cas où F et G sont représentables, coïncide avec le complexe cotangent relatif pour un morphisme de schémas. Pour donner un sens à la question, il faut d'abord définir ce qu'on entend par un "complexe" sur F . Il faudra que, pour un tel objet L. sur F , on puisse définir pour tout homomorphisme

$$h : X \longrightarrow F$$

avec X représentable, un complexe

$$Lh^{*}(L.) \in D^{-}(X)$$

objet de la catégorie dérivée gauche $D^{-}(X)$ de la catégorie des Modules sur X , et ceci de façon à satisfaire, pour un composé $X' \xrightarrow{h'} X \xrightarrow{h} F$, à une relation de transitivité $L(hh')^{*}(L.) = Lh'^{*}(Lh^{*}(L.)$, où Lh'^{*} désigne le foncteur image inverse habituel pour les catégories dérivées. Le plus simple serait de considérer, sur la catégorie $(Sch)_{/F}$ des schémas X "au-dessus de F "i.e. munis d'un $h : X \longrightarrow F$, la catégorie fibrée dont la fibre en X est $D^{-}(X)$, et de déclarer qu'un complexe sur F est une section cartésienne de cette catégorie fibrée (SGA 1 VI). Dans le cas de $L_{\cdot}^{F/G}$, on voudra de plus, dans les "bons" cas, que les $Lh^{*}(L_{\cdot}^{F/G})$ soient des complexes à cohomologie quasi-cohérente, voire cohérente pour X localement noethérien. La signification de $L_{\cdot}^{F/G}$ pour l'étude infinitésimale de $f : F \longrightarrow G$ doit pouvoir, de plus, s'expliciter par un énoncé analogue à 11.1.5 , de sorte que pour tout diagramme commutatif

$$\begin{array}{ccc} F & \xleftarrow{h_o} & Z_o \\ \downarrow & & \downarrow i \\ G & \longleftarrow & Z \end{array} ,$$

avec Z_o, Z représentables, et i une immersion d'ordre 1, d'Idéal J , on puisse définir un élément de $\mathrm{Ext}^1(Lh_o^*(L_\bullet^{F/G}),J)$ comme obstruction à l'existence d'un G-morphisme h : Z $\longrightarrow$ F prolongeant h_o , l'indétermination dans la solution de ce problème de prolongement infinitésimal étant donnés par le groupe $\mathrm{Ext}^o(Lh_o^*(L_\bullet^{F/G}),J) = \mathrm{Hom}(h_o^*(\Omega^1_{F/G}),J)$. Dans le cas où f est "formellement net", ce qui peut s'exprimer par $\underline{H}_o(L_\bullet^{F/G}) = \Omega^1_{F/G} = 0$, ou plus géométriquement, par le fait que le morphisme diagonal $F \longrightarrow F \times_G F$ est une "immersion ouverte", il faudrait d'autre part que $\underline{H}_1(L_\bullet^{F/G})$ s'interprète comme l'Idéal d'augmentation pour un "premier voisinage infinitésimal $F^{(1)}$ de F dans G", donnant lieu à une propriété universelle de la forme 11.2.5 , disant que dans un carré comme ci-dessus, il existe un unique G-morphisme h : Z $\longrightarrow F^{(1)}$ qui prolonge h_o . Lorsque F est représentable, il faudrait qu'il en soit de même de $F^{(1)}$. A partir de là, on parviendrait à une analyse des voisinages infinitésimaux de tous ordres de F dans G, sur le modèle de 11.3.2.

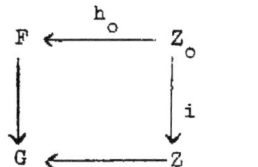

12.3.2. Signalons que pour les foncteurs les plus courants "proches de foncteurs représentables" (foncteurs du type foncteurs de Hilbert, foncteurs de Picard, etc) on arrive directement et assez simplement à construire un faisceau cohérent $\Omega^1_{F/G}$, exprimant comme on le désire l'indétermination du problème de prolongement infinitésimal signalé plus haut. Lorsque ce faisceau est nul i.e. lorsque f est formellement net, et que F est représentable, on arrive également, par une construction plus délicate, à construire un faisceau cohérent "conormal" $N_{F/G}$, comme représentant le foncteur qui à tout Module quasi-cohérent J sur F associe l'ensemble des classes d'extensions de F par J sur G (i.e. de schémas F' extensions de F par J comme idéal de carré nul, munis d'un morphisme $F' \longrightarrow G$). Par construction, ce faisceau apparait comme l'idéal d'augmentation pour un voisinage infinitésimal $F^{(1)}$ de F dans G, mais il resterait à vérifier que ce dernier satisfait bien à la propriété universelle de la forme 11.2.5.

12.3.3. Parmi les conséquences agréables qu'on tirerait d'une étude infinitésimale des foncteurs F suivant les lignes qu'on vient d'esquisser, et plus précisément d'une solution au problème soulevé à l'alinéa précédent, serait le fait que l'ensemble des "points" de F en lesquels un morphisme $f : F \longrightarrow G$ est formellement net resp. formellement étale correspondrait automatiquement à un sous-foncteur ouvert. (Alors que le cas "formellement net" n'offre généralement pas de difficulté en pratique, le cas "formellement étale" a tendance souvent à être beaucoup plus délicat, et constitue une des difficultés typiques dans les méthodes non projectives de construction de préschémas). Voici un autre type d'application possible à des critères de représentabilité. Soit F un foncteur sur S , considérons son morphisme structural $F \longrightarrow S$, et supposons que

$$F_o = F \times_S S_o \quad , \quad \text{où} \quad S_o = S_{réd} \quad ,$$

soit représentable. Appliquant la théorie conjecturale des voisinages infinitésimaux au morphisme $F_o \longrightarrow F$, qui est un monomorphisme et à fortiori formellement net, on conclura que F est lui-même représentable.

C'est par cette voie qu'il devrait être possible, en particulier, de prouver que si X est un schéma propre sur S , plat sur S et cohomologiquement plat sur S en dimension 0 , et si $\underline{\mathrm{Pic}}_{X_o/S_o}$ est représentable (ce qui est le cas, on le sait, à condition de remplacer S_o par un ouvert partout dense convenable), alors il en est de même de $\underline{\mathrm{Pic}}_{X/S}$. Cela constituerait une généralisation agréable d'un résultat inédit de J.P. Murre, disant que si X est propre et plat sur l'anneau local artinien A , de corps résiduel k, et si $H^0(X_o,\underline{O}_{X_o}) \simeq k$, où $X_o = X\otimes_A k$, alors $\underline{\mathrm{Pic}}_{X/A}$ est représentable.

12.3.4. Ici encore, il y a lieu bien entendu de se poser la question d'une construction d'un complexe cotangent relatif infini de F sur G au sens de Quillen, qui s'insèrera peut-être dans une extension de la théorie de Quillen aux flèches d'un topos annelé (tel le topos des faisceaux fpqc sur (Sch)) .

12.3.5. (Ajouté en janvier 1958). Depuis la rédaction du présent travail a été développé par M. Artin la théorie des "variétés" (ou "schémas étales" dans la terminologie de M. Artin), qui peuvent se décrire formellement comme les quotients de schémas ordinaires X par des relations d'équivalence R qui sont des sous-schémas de XxX tels que la projection $R \to X$ soit un morphisme étale. Les résultats d'Artin semblent établir dès à présent que les "bons" foncteurs $(Sch)^o \longrightarrow (Ens)$ ("proches" des foncteurs représentables) sont précisément ceux qui peuvent se "représenter" par une variété. D'autre part, une telle variété définit de façon naturelle un topos annelé étale (sur le modèle de [1]), et est d'ailleurs déterminée à isomorphisme unique près par la connaissance de ce dernier. Il s'impose alors de définir le $L.^{F/G}$ hypothétique (quand F et G sont des variétés) comme le complexe cotangent relatif pour le morphisme de topos annelés défini par le morphisme donné $f : F \longrightarrow G$ de variétés. Cette définition satisfait à tous les desiderata émumérés ci-dessus.

(*) (Note pour la page 60). Depuis la rédaction de ces lignes, et à l'occasion de la mise au point de SGA 7, j'ai trouvé une construction plus simple de $\mathfrak{Y}_{L.}$, qui sera donnée dans loc. cit. à propos des <u>biextensions de faisceaux abéliens</u>.

(*) (Note pour la page 95). A vrai dire, il semble que la théorie de Quillen ne soit écrite pour le moment que pour les algèbres (ordinaires) sur un anneau, la "globalisation" restant à faire. (Une théorie essentiellement identique à celle de Quillen a été développée d'ailleurs indépendamment par M. André [18]).

(Ajouté en Mai 1968). Voir cependant le travail de L. ILLUSIE annoncé en note au bas de la page 5.

BIBLIOGRAPHIE

[1] M. Artin, A. Grothendieck, J. L. Verdier, Cohomologie étale des schémas, Séminaire de Géométrie Algébrique du Bois-Marie 1963/64, à paraître dans North Holland Publishing Cie, (cité SGA 4).

[2] J. Benabou, Thèse, Paris 1966.

[3] M. Berthelot, L. Illusie, A. Grothendieck, Théorie globale des intersections et théorème de Riemann-Roch en Géométrie Algébrique, Séminaire de Géométrie Algébrique du Bois-Marie 1966/67, à paraître dans North Holland Publishing Cie, (cité SGA 6).

[4] J. Dieudonné, A. Grothendieck, Eléments de Géométrie Algébrique, Chapitres I, IV , Publications Mathématiques de l'IHES, (cité EGA I et EGA IV).

[5] A. Grothendieck, Revêtements étales et groupe fondamental, Séminaire de Géométrie Algébrique du Bois-Marie 1960/61, à paraître dans North Holland Publishing Cie, (cité SGA 1).

[6] A. Grothendieck, Fondements de la Géométrie Algébrique, Extraits d'exposés au Séminaire Bourbaki 1957/1962, Secrétariat Mathématique 11, rue Pierre et Marie Curie, Paris.

[7] A. Grothendieck, Eléments de Calcul différentiel, in Séminaire Cartan 1960/61, Familles d'espaces complexes, Secrétariat Mathématique, 11, rue Pierre et Marie Curie, Paris.

[8] P. Gabriel, M. Zisman, Calculus of fractions and homotopy theory, Ergebnisse Bd 35, Springer 1967.

[9] M. Gerstenhaber, On the deformation of rings and algebras II, Ann. of Math. 84 n°1 p 1-19 (1966).

[10] J. Giraud, Méthode de la Descente, Mémoire n° 2 de la Société Mathématique de France (1964).

[11] M. Hakim, Topos localement annelés et schémas relatifs, à paraître dans North Holland Publishing Cie. (Pour un résumé des résultats principaux de ce livre, voir aussi la thèse de Mme Hakim, à paraître au Bulletin de la Société Mathématique de France).

[12] R. Kiehl, Inventiones Mathematicae 2, 191-214 (1967).

[13] S. Lichtenbaum, M. Schlessinger, The cotangent complex of a morphism, Trans. Amer. Math. Soc. 128 n°1 p 41-70 (1967).

[14] D. C. Quillen, Travail en préparation (existe à l'état de notes mimographiées provisoires).

[15] M. Schlessinger, Thèse, Harvard 1965 (existe à l'état de preprint).

[16] J. L. Verdier, Algèbre homologique et catégories dérivées, à paraître dans North Holland Publishing Cie. (Pour un résumé des idées essentielles de ce livre, le lecteur pourra consulter J. L. Verdier,

"Catégories dérivées, quelques résultats (état 0)" , notes miméographiées de l'IHES, ou le Chapitre 1 de R. Hartshorne, Residues and Duality, Lecture Notes in Mathematics n° 20, Springer).

[17] J. Tate, Rigid-analytic spaces, notes miméographiées de l'IHES.

[18] M. André, Méthode simpliciale en Algèbre Homologique et Algèbre Commutative, Lecture Notes in Mathematics n° 32, Springer 1967.

[19] M. Demazure et A. Grothendieck, Schémas en groupes, Séminaire de Géométrie Algébrique du Bois-Marie 1962/64, à paraître dans North Holland Publishing Cie, (cité SGA 3).

[20] L. Illusie, thèse (à paraître).

Offsetdruck: Julius Beltz, Weinheim/Bergstr.

Bitte wenden / Continued

MIX
Papier aus verantwortungsvollen Quellen
Paper from responsible sources
FSC® C105338

If you have any concerns about our products,
you can contact us on
ProductSafety@springernature.com

In case Publisher is established outside the EU,
the EU authorized representative is:
Springer Nature Customer Service Center GmbH
Europaplatz 3, 69115 Heidelberg, Germany

Printed by Libri Plureos GmbH
in Hamburg, Germany